Lieber Carlchen,

ein paar schöne Ziele
für Wanderungen.
Ich hoff
einige d

Waldemar Siering

50 *sagenhafte* Naturdenkmale
in Mecklenburg-Vorpommern

Waldemar Siering

50 *sagenhafte*
Naturdenkmale
in Mecklenburg-Vorpommern

Bäume · Findlinge · Feuersteinfelder · Dünen

steffen verlag

Übersichtskarte

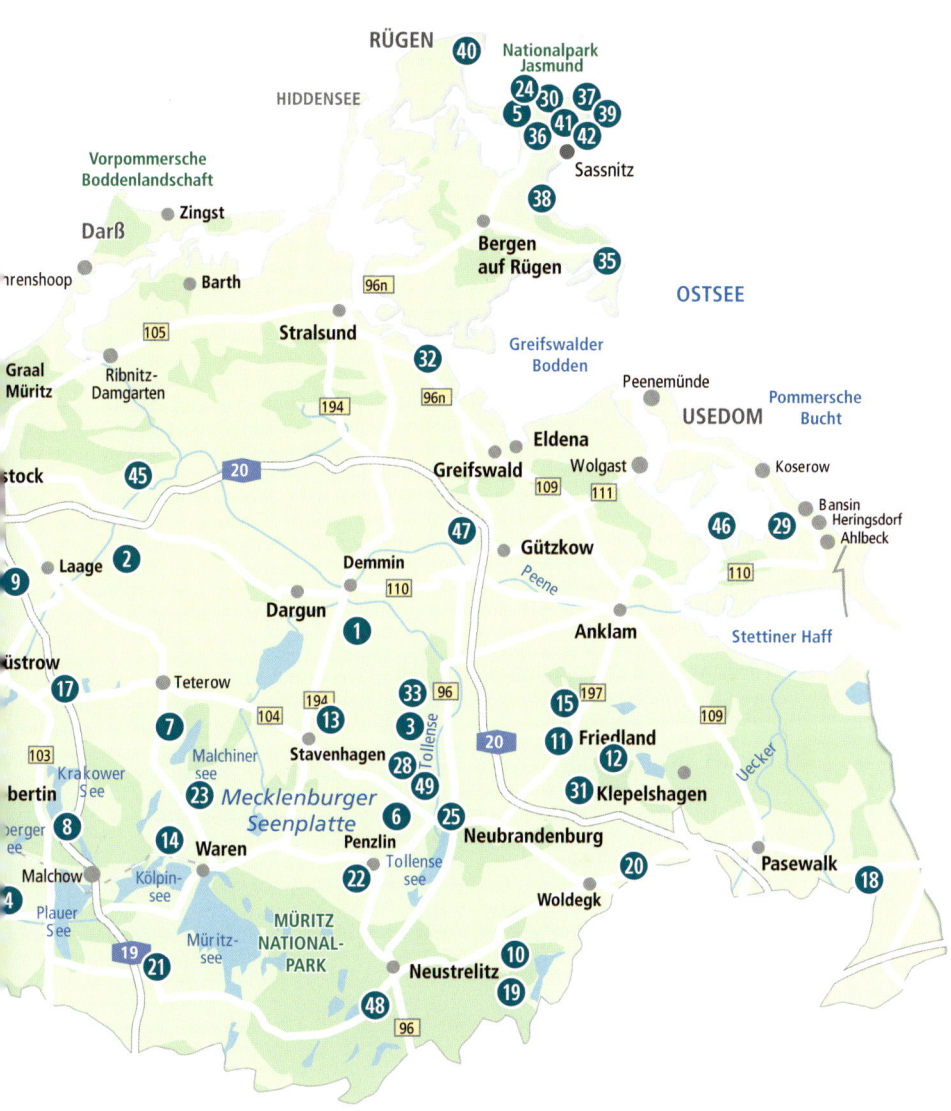

Inhaltsverzeichnis

Auf den Weg

Fritz Reuter hat in seiner »Urgeschicht von Meckelnborg-Swerin un -Strelitz …« nachprüfbar und für einen Landsmann völlig überzeugend bewiesen, dass unser Herrgott mit der Erschaffung der Welt in Mecklenburg begonnen hat und sich das Paradies in Kuchelmiß befand. In politischer und auch geologischer Hinsicht ist Mecklenburg-Vorpommern dennoch ein junges Land.

Geologisch geprägt wurde das heutige Bundesland Mecklenburg-Vorpommern durch die bislang letzte Kaltzeit mit ihren Abfolgen von Grund- und Endmoränen sowie den Sandergebieten. Während wohl vor 16 000 Jahren nur wenige Rentierjägergruppen im Lande unterwegs waren, begann mit dem Zurückweichen des Eises um 10 000 v. Chr. die dauerhafte Besiedlung, lebten in den Wäldern des Mesolithikums nomadisierende Jägergruppen. Etwa ab 3000 vor unserer Zeitrechnung setzte sich eine bäuerlich geprägte, sesshafte Lebensweise durch. Nun entstanden die noch heute imposanten Großsteingräber und Steinkreise aus dem dauerhaftesten Material, welches im Lande vorkommt – eben aus Steinen. Findlinge, Blockpackungen und Geröllsteine sagen wir Heutigen. Aber Findling ist vielleicht keine ganz zutreffende Bezeichnung, denn die Steine waren schon lange vor den Jägern und Bauern im Lande, prägten sein Gesicht, wurden zu Treffpunkten und Kultstätten, Geschichten verbanden sich mit ihnen. Quellen, Sölle, Flüsse, Bäche und Seen traten hinzu, ebenso besonders auffallende Geländeformationen und nun auch Bäume.

Zur Mittlerin dieser Geschichten wurde die Sage, die über Jahrhunderte von geheimnisvollen Orten, verborgenen Schätzen, Ereignissen aus guten und schlimmen Tagen, von guten und bösen Taten berichtete. Beinahe schien die leise Stimme der Sage zu verstummen, nahmen ihr neue Zeitläufe Erzähler und Zuhörer. Die treue Mittlerin der Geschichten fand neue Helfer, Frauen und Männer in Städten und Dörfern.

Wer zuhören kann, der erfährt auch heutigen Tags Begebenheiten zu ehrwürdigen Steinen und imposanten Bäumen, so auch erlebt in beinahe 40 Berufsjahren im Lande Mecklenburg-Vorpommern. Aus der Fülle vorhandener Naturdenkmale – es gibt mehr als 600 im Lande – wurden 50 ausgewählt, verbunden mit Geschichten und verteilt im Land. Kommen Sie mit auf den Weg zu sagenhaften Naturdenkmalen in Mecklenburg-Vorpommern – von der Ostseeküste bis in die Kiefernwälder der Sandergebiete. Eine Karte wird helfen, diese Naturdenkmale zu finden. Zur Orientierung dient gleichfalls die eingangs abgedruckte Liste sagenhafter Findlinge, Bäume und Flächennaturdenkmale. Fotos sorgen für Anschaulichkeit, und ein Quellenverzeichnis mag der interessierten Leserin, dem interessierten Leser weitere Informationen liefern. Dank verdienen die Umweltämter der Landkreise und kreisfreien Städte für ihre Hilfe und ganz besonders Gewährsleute aus Stadt und Land.

Der Teufel im Bierrausch

Alt Gatschow

1 Das Naturschutzgebiet Wallberge und Kreidescholle bei Alt Gatschow liegt in der Gemeinde Beggerow, Landkreis Mecklenburgische Seenplatte, südlich von Demmin und ist Teil eines Oszuges, der sich über eine Länge von etwa 40 Kilometern bis nach Varchentin erstreckt und als der längste seiner Art in Mecklenburg-Vorpommern gilt. Das Naturschutzgebiet umfasst 20 Hektar, befindet sich im Nordteil des Oszuges und wurde bereits am 14. Februar 1941 unter Schutz gestellt. Als Schutzgegenstand wird ein typischer Oszug mit artenreicher Mager- und Trockenrasenvegetation angegeben. Der blockreiche Oszug konnte nicht ackerbaulich genutzt werden, sondern dient seit dem Mittelalter als Weide. Dies bot die Voraussetzung für das Wachstum seltener, vom Aussterben bedrohter Pflanzen. Im Naturschutzgebiet wurden 245 Pflanzenarten nachgewiesen. Hinzu kommen 65 Flechten- und 25 Moosarten, welche sich auf Lesesteinhaufen angesiedelt haben. Vor der Unterschutzstellung baute man Kies und Sande ab. Auf den Weideflächen befindliche Findlinge wurden zum Teil zu Lesesteinmauern als Abgrenzung der einzelnen Weideparzellen aufgeschichtet. Der größte Findling, der Teufelsstein, liegt im Nordteil des Oszuges. Ein Weg führt durch das Nordende des Schutzgebietes. Bei dem Teufelsstein handelt es sich um einen sattelförmigen rötlichen Granitblock, der als stummer, aber standhafter Zeuge auch von der Zeit berichten könnte, als die Krieger Karls des Großen bis in die Gegend von Demmin vordrangen – um 800 n. Chr. Der Felsblock ragt auf einer der Koppeln auffallend in die Höhe. Nach einer Sage soll hier ein Häusler gewohnt haben, welcher Handweberei betrieb und ein Ausschankrecht besaß. So ernährte er seine große Familie. Eines Tages kam der Teufel auch in Alt Gatschow vorbei, fühlte sich hier wohl, verkostete das Bier des Webers und trank nur aus dem größten

An der Lesesteinmauer schlief der Teufel

Krug. Als der Teufel zahlen sollte, meinte er nicht so viel getrunken zu haben, wurde wütend, warf dem Wirt den geforderten Betrag auf den Tisch, flog nach Schweden und kam mit einem großen Stein wieder. Mit dem Stein zielte er schon auf des Webers Haus, als die Kirchturmuhr in Demmin ein Uhr schlug und der Hahn krähte. Dem Teufel fiel der Stein aus den Händen und auf den Wallberg. Er schlief seinen Rausch aus und schämte sich sehr ob seiner Rachsucht. Dem Weber übergab er einen Beutel voll Geld, und der bescheidene Mann konnte nun seine Familie ohne Sorgen ernähren.

Das war doch freundlich von dem Diabolos, oder? In Gatschow war jedenfalls dazu folgende Meinung zu hören: »Der Teufel ist ein umgänglicher Kerl, wenn er nicht gerade betrunken ist!«

Gatschow wurde 1368 erstmals erwähnt. (altpolabisch: »Ort eines Chocek«).[1]

Das Dorf liegt etwa zehn Kilometer südlich von Demmin und 15 Kilometer nordöstlich von Stavenhagen. Die Bundesstraße 194 verläuft westlich der Gemeinde Beggerow.

Kirchlinde hält Kirche

(Alt) Polchow

❷ Die Kirchlinde von (Alt) Polchow gilt als älteste und imposanteste Linde Mecklenburgs. Die Sommerlinde weist einen enormen Stammumfang auf, mehr als 14 Meter, bei einer Höhe von 18 und einer Kronenbreite von 20 Metern. Ihr wahrscheinliches Alter liegt bei 800 Jahren, so alt wie Dorf und Kirche. Nach weit verbreiteter und durchaus erklärbarer Ansicht soll diese Linde jedoch ein Alter von 1000 Jahren aufweisen. Die Kirchlinde von (Alt) Polchow wurde bereits 1937 als Naturdenkmal unter Schutz gestellt. Ursprünglich waren es drei Einzelbäume, eine seinerzeit häufige Pflanzweise und in der Nachbarschaft zur Kirche wohl an die Heilige Dreifaltigkeit erinnernd. Schließlich wuchsen die Linden zu einem Baum zusammen. Heute weist die Linde eine Mehrfachteilung auf, welche bereits am Ende des 19. Jahrhunderts erkennbar war.[2]

Folgen wir den Baumkundlern, den Dendrologen, so grünte die Polchower Linde bereits, als Wolfram von Eschenbach seinen höfischen Roman »Parzival« nach einem französischen Vorbild vollendete. Trifft die Volksmeinung zu, keimte dieser Baum zu der Zeit, als Wikinger mit ihren hochseetauglichen Schiffen Nordamerika erreichten, dort zeitweilig siedelten.

»Polchow war immer nur ein kleines Dorf, aber es ist auch ein sehr altes Dorf. Bald nach der Dorfgründung wurde neben einer alten Linde ein bescheidenes Gotteshaus gebaut. Die Linde überragte das Kirchlein, und alle Kirchgänger konnten sich ihre Kirche und ihr Dorf nicht ohne die Linde denken. Den Teufel ärgerten die frommen Leute, und er beschloss, die Kirche zu zerstören. Von diesem bösen Plan erfuhren die Polchower Bauern. Der Teufel wollte das Kirchlein so im Vorbeigehen in die linke Tasche seines schwarzen Mantels stecken, erlebte aber eine Überraschung. Die Dorfkirche stand

Standhafte Linde

Von Linden behütet – Kirche von (Alt) Polchow

unerschütterlich auf ihrem Platz. Die Bauern hatten ihr Gotteshaus mit einer dicken Kette an die Linde gebunden. Der Teufel gab auf und fuhr zurück zur Hölle. Die Polchower Kirche steht immer noch an ihrem alten Platz, behütet von der großen Linde.« So ein ehemaliger Mitschüler aus meiner Güstrower Internatszeit. Er stammt aus Polchow und hatte diese Geschichte in der Familie gehört.

Polchow liegt nordöstlich von Laage, gehört zur Gemeinde Wardow und wurde bereits im Jahr 1216 urkundlich erwähnt als »Ort eines Polch«.[3] Der erste Kirchenbau wird in das Jahr 1228 datiert und war dem hl. Martin gewidmet. Ende des 19. Jahrhunderts wurde die alte Dorfkirche wegen Baufälligkeit abgerissen und nach Plänen des Großherzoglichen Hofbaumeisters Gotthilf Ludwig Möckel als neogotischer Backsteinbau mit Westturm zwischen 1888 und 1891 neu errichtet. Der Sandsteinepitaph des David von Bassewitz und zwei kleinere Wappenepitaphe stammen noch aus der Vorgängerkirche. Polchow ist von Laage über Wardow zu erreichen.

Großer Stein am Klosterberg

Altentreptow

❸ Der Große Stein von Altentreptow gilt nach der Zerschlagung des Großen Markgrafensteines (Brandenburg, Rauen) als der größte auf dem Land liegende Findling Norddeutschlands und nach dem Buskam (vor Rügen) als der zweitgrößte bekannte Findling Norddeutschlands überhaupt. Diese Ansicht wird in neuerer Zeit angezweifelt, kann aber auch bisher nicht widerlegt werden, da es sogar der modernen Wissenschaft schwerfällt, den Stein, welcher zu zwei Dritteln unter der Erdoberfläche liegt, ganz genau zu vermessen.

Der Findling besteht aus Hammergranit, einem mittelkörnigen Granit, benannt nach der Region Hammeren im Norden der Insel Bornholm. Nach einer anderen Ansicht stammt der Stein aus Mittelschweden. Beeindruckend ist nicht nur seine Größe. Auch die oberirdischen Maße lassen den Betrachter staunen. Länge 8,2 Meter, Breite sechs Meter, und bei einem geschätzten Volumen von 133 Kubikmetern wiegt der Koloss nach übereinstimmender Ansicht 350–360 Tonnen! Der Große Stein ist ein weithin bekanntes Naturdenkmal und Teil des Geoparks Mecklenburgische Eiszeitlandschaft. Der Rundweg 5 der Eiszeitroute führt hier vorbei. Als das Eis wich und der Große Stein sichtbar wurde, dürften hier bereits schweifende Rentierjäger, später nomadisierende Jägergruppen der Mittelsteinzeit gerastet und ihre Beute über der Glut eines Lagerfeuers gegrillt haben.

Der Große Stein wurde bereits 1832 als eines der bedeutendsten Geschiebe in Norddeutschland erwähnt. Erste bildliche Darstellungen gibt es etwa ab 1850. Um 1900 erschien der Stein häufig auf Ansichtskarten.

Dann nahm sich die Politik des Großen Steins an, aber das bekam dem Findling weniger gut. Er wurde als Bismarckstein bezeichnet, 1915 feierlich eingeweiht und mit einem Relief von Otto von

Größter Findling an Land im Norden

Bismarck versehen. Dazu brachte man eine Inschrift an: »Bismarck 1. April 1815/1. April 1915«. Im November 1959 wurde das Relief auf Befehl des Ministeriums für Staatssicherheit entfernt. Die Spuren dieser Beseitigung sind auf der Vorderseite noch zu erkennen.

Sagenhaftes gibt es ebenso zum Großen Stein zu berichten. Eines Tages gerieten die Altentreptower in einen handfesten Streit mit dem Teufel. Sie bauten eine Kirche mit einem hohen Turm, worüber der Teufel sich so erregte, dass er von Neubrandenburg aus einen großen Stein nach dem Kirchturm warf. Ob seine Wut zu groß oder der Stein zu schwer war – der Teufel verfehlte sein Ziel, und der Findling fiel am Klosterberg nieder. In dem Stein kann man noch die fünf Finger von des Teufels Hand erkennen.

Erfreulich dieser Fehlwurf des Teufels, ansonsten würde der Sankt-Petri-Kirche ihr hochragender und weithin sichtbarer Turm fehlen. Der Große Stein liegt unterhalb des Klosterberges in einer Kleingartenanlage. Warum der Teufel in Neubrandenburg beheimatet sein sollte, erklärt die Sage nicht. Ob nachbarschaftliche Befindlichkeiten bei der Entstehung der Sage eine Rolle spielten?

Demminer Tortum in Altentreptow

Altentreptow wurde 1245 als Civitas erstmals urkundlich erwähnt. Hier oder in unmittelbarer Nähe lag wohl der Vorgänger, eine slawische Burg, welche den Übergang über die Tollense sicherte. Altentreptow ist immer eine Reise wert. Neben dem Besuch des Großen Steins wird ein Gang durch die sanierte historische Altstadt empfohlen. Ein Weg sollte in die Sankt-Petri-Kirche führen – ein stattlicher Bau der Backsteingotik aus dem 14./15. Jahrhundert mit wertvollem Schnitzaltar – wie in das Fritz-Reuter-Haus und zum Brandenburger und zum Demminer Torturm.

Nach Altentreptow führt u. a. die Landesstraße 35, als B 96 vielen Ostseeurlaubern in Erinnerung geblieben. Von einem Parkplatz unterhalb des Klosterberges führt ein fußläufiger, beschilderter Weg zum Großen Stein.

Stieleiche (Baum des Jahres 1989)

Die Greisin mit der grünen Krone

Barkow

4 Bei der Friedhofseiche in Barkow handelt es sich um eine über 400 Jahre alte Stieleiche, welche dicht neben der Kirche auf dem Friedhof steht. Die Eiche musste einen starken Rückschnitt in der Krone verkraften und dürfte älter als die Kirche sein, die vermutlich in der Mitte des 14. Jahrhunderts errichtet wurde. Der Baum hat einen Umfang von 7,08 Metern. Sein Zustand wird als vital angesehen.

Haben die Vertreter der Baumkunde Recht, so keimte die Stieleiche von Barkow noch vor dem Beginn des Dreißigjährigen Krieges, überstand dessen Wirren und auch die folgenden Zeitläufe.

Am Abend des 3. April 2004 brach der Dachstuhl der Barkower Kirche völlig unerwartet und fast vollständig zusammen. Der gesamte Innenraum des Schiffs wurde zerstört. Altar und Taufbecken sowie die Orgel konnten weitgehend unversehrt aus den Trümmern

Friedhof in Barkow

geborgen werden. Die Friedhofseiche hat den Einsturz des nahen Kirchendaches unbeschadet überstanden. Im Jahr 2014 beendete man den Wiederaufbau der Kirche. Die Verbindung zwischen Langschiff und Turm wurde durch einen Neubaukörper (Kubus) geschlossen, welcher auch den Bruch im Baukörper deutlich macht und 2015 den Landesbaupreis gewann.

Mit der Kirche in Barkow, neben der die altehrwürdige Eiche steht, ist die nachstehende Sage verbunden.

»Bei dem Dorf Barkow liegt in unmittelbarer Nähe des Hofes ein kleiner See, die Kemlade genannt. Bei niedrigem Wasserstand werden an der einen Seite desselben eine Menge Pfähle sichtbar. Hier in Barkow lebte vor vielen Jahren ein Herr Kramon, dem das Dorf gehörte. Er machte viele Schenkungen an Kirchen und Klöster, baute auch in Barkow, das bis dahin noch keine Kirche hatte, eine Kapelle, die in den vierziger Jahren restauriert worden ist, war aber in Wirklichkeit ein böser Mann, der seine Leute darben und hungern ließ. Als sie einst auf seinem Hof um Brot schrien, ließ er sie in eine Scheune sperren und steckte diese an. Bei dem Ächzen und Stöhnen der Armen rief er höhnend: ›Hört, wie meine Kornratten schreien!‹ Die armen Leute verbrannten elend, Kramons Hof aber wurde von einer Unzahl von Ratten heimgesucht, denen zu entfliehen er sich ein Haus in der Kemlade baute, allein auch dorthin schwammen ihm die Ratten nach, so daß er seinen Grund und Boden verlassen mußte. Die Pfähle sind Reste der von ihm erbauten Wohnstätte.«[4] Die Friedhofseiche könnte ein stummer Zeuge dieses Verbrechens gewesen sein.

Als Kemlade wird ein hölzernes, turmartiges Wohngebäude aus dem frühen Mittelalter bezeichnet, das in einem Gewässer oder Moor lag. Die Pfähle in der Erzählung weisen auf die Überreste einer Kemlade hin und gaben dem See seinen Namen.

Barkow wurde 1273 als Berchowe erstmals urkundlich erwähnt, »Ort des Berka«.[5] Das Dorf liegt an der B 192 sowie an der Müritz-Elde-Wasserstraße. Nahebei eine Schleuse auf diesem Wasserweg.

Findling

Wo im Sommer Nixen spielen

Blandow

5 »Wo heute die Tromper Wiek liegt, war einst eine Stadt an einem Wald. Mitten in der Stadt, auf dem Marktplatz, lag ein großer Stein. Von dem Stein gingen alle Straßen der Stadt sternförmig ab. Eines Tages gab es einen so heftigen Sturm aus Osten, dass die Stadt und der Wald untergingen, ganz von Wasser und Sand bedeckt wurden. Nur den Findling bei Blandow vermochten die Fluten nicht mitzureißen. In warmen Sommernächten sitzen Nixen darauf und spielen mit Bernstein.« So erzählt Hauptwachtmeister H., ein »Rügenmensch« nach eigenem Bekunden, während einer Rast unter den Kiefern der Schwinzer Heide am Goldberger See.

Der Autor Christian Svenson zählt den Findling am Strand von Blandow zu den größten Geschiebeblöcken Rügens. Der Stein liegt nördlich der Ortschaft Blandow im flachen Ostseewasser. Über eine

Sonnenplatz der Nixen

Strandwanderung von Lohme oder der nächsten im Westen gelegenen Ortschaft Rugeshus kann man ihn erreichen.

Der Findling von Blandow steht als Geotop G2 81 unter Schutz und hat folgende Maße: acht Meter Länge, fünf Meter Breite, 3,1 Meter Höhe, Umfang 19,5 Meter und ein Volumen von circa 65 Kubikmetern. Es handelt sich um einen Monzogranit mit Gneistextur und nach der Herkunft um Karlshamm-Granit, Schweden. Sein Alter wird mit circa 1660 Millionen Jahren angegeben.

Der Findling von Blandow ist der drittgrößte seiner Art auf der Insel Rügen. Bei dessen Herkunft aus Skandinavien ist die Wissenschaft sich einig, nicht aber, was das nähere Ursprungsgebiet betrifft (Schonen, Östergötland oder Värmland).

Sicher ist dagegen: Der Findling von Blandow war Zeuge der Kämpfe zwischen den Slawen von Rügen, den Ranen und den Dänen, welche mit der Eroberung Rügens durch die Krieger Waldemar Atterdags und der Zerstörung des Tempels von Arkona im Jahr 1168 endeten.

Blandow wurde im Jahr 1314 als Blandovitze erstmals urkundlich erwähnt und 1318 Blandowe genannt. Im Altpolabischen dürfte Blandow für Siedlung der Leute des Bland stehen.[6]

Blandow ist ein Ortsteil der Gemeinde Lohme, liegt somit auf der Halbinsel Jasmund, nahe am Nationalpark Jasmund im Kreis Vorpommern-Rügen. Besucher können die E 22 bzw. E 251 ab Sagard nutzen, dann bis Ruschvitz fahren und hier in Richtung Lohme abbiegen. Möglich ist auch eine längere, ebenfalls sehr reizvolle Tour über die alte B 96 an Sagard vorbei nach Sassnitz und von hier Richtung Stubbenkammer nach Blandow.

De groote Stein und die Lindwürmer

Blankenhof

6 Auf den Feldmarken von Gevezin und Blankenhof, nahe der alten Landstraße nach Neubrandenburg, liegen drei Berge (Hügel) mit auffälligen Namen, der Blocksberg, der Jabsberg und der Lindberg.

Bei dem Großgeschiebe von Blankenhof handelt es sich um Gneis des skandinavischen Grundgebirges. Viele Findlinge wurden in der Vergangenheit für den Bau von Großsteingräbern und Heiligtümern, Kirchen, Gebäuden und nicht zuletzt des Straßennetzes verwendet. Dafür war wohl auch der Stein von Blankenhof vorgesehen, wie die noch heute erkennbare, circa drei Meter lange, vier Zentimeter tiefe und fünf Zentimeter breite Rinne auf seiner Oberfläche annehmen lässt. Die an seiner Südwestecke befindlichen zwei Bohrlöcher lassen

Ausguck von Mutter Lindwurm

ebenfalls die Absicht erkennen, den Stein zu teilen. In der Rinne fanden sich Spuren von alten Metallkeilen, die zum Spalten verwendet werden sollten. Der Große Stein von Blankenhof ist ein geologisches Einzelobjekt der Eiszeitroute (A5).

Sagenhaftes um den Großen Stein erfuhr ich in den 1980er Jahren bei der Abklärung eines durch Kriebelmücken verursachten Schadgeschehens. Der nahe Aalbach war als Brutgewässer interessant, und ein einheimischer Landwirt zeigte mir den Großen Stein. »Das war der Spielplatz der Lindwurmjungen. Im Sand haben sie gebadet, so wie die Hühner. Auf der abgeschlagenen Platte saß der alte Lindwurm und passte auf seine Brut auf. Die Treppenstufen dienten als Aufgang zur Rutsche, welche aber schon lange verfallen ist. In die Rillen und Löcher steckten die Lindwürmer ihre Zahnstocher aus Weidenholz.«

Friedliebend waren die Lindwürmer wohl nicht. Man erzählte sogar, sie hätten Menschen bedroht. Und so kam es, dass ein Prinz Georg, der nach Neubrandenburg kam, eines der Ungeheuer erschlug, worauf die anderen wegzogen.

Die Neubrandenburger Bürger errichten um 1300 vor dem Treptower Tor eine Kapelle mit angeschlossenem Hospital, welches kranke Reisende aufzunehmen hatte – eine Quarantänestation mittelalterlicher Art. Zum Schutzpatron der Kapelle wurde St. Georg erwählt, einer der populärsten christlichen Nothelfer des Spätmittelalters. Ihm zu Ehren wurde in der Kapelle ein Georgsaltar aufgestellt. Die Altarretabel (lateinisch: retro tabula altaris = »Tafel hinter dem Altar«) befindet sich im Neubrandenburger Museum. Dieses breite Eichenholzrelief zeigt St. Georg als Drachentöter.

Der Weg zum Großen Stein ist in Blankenhof gut ausgeschildert. Blankenhof mit den Ortsteilen Chemnitz und Gevezin ist eine Gemeinde im Landkreis Mecklenburgische Seenplatte und liegt westlich von Neubrandenburg. Zu den Sehenswürdigkeiten zählen neben dem Großen Stein auch die gotische Feldsteinkirche in Chemnitz (1305 erwähnt), die spätgotische Feldsteinkirche Gevezin und eine imposante Linde in Blankenhof.

Imposante Linde in Blankenhof

Nach Blankenhof gelangt man über Chemnitz, dort von der B 104 abfahrend, oder über eine reizvoll gewundene Verbindungsstraße von Penzlin. Der Ort kann auch per Bahn erreicht werden, er verfügt noch über einen Bahnhof.

Feldahorn (Baum des Jahres 2015)

Ein Riese bekennt Farbe

Bülow/Bristow

❼ Der Feldahorn wurde im Jahr 2015 zum Baum des Jahres erhoben – durchaus berechtigt, wenn auch erst nach seinen beiden größeren Verwandten, dem Spitzahorn und dem Bergahorn. Etwas versteckt, am Weg von Bülow nach Bristow (Mecklenburgische Schweiz), steht auf einem Niedermoorstandort nach Expertenmeinung wohl einer der Mächtigsten seiner Art in Deutschland. Sein Umfang von 5,10 Metern und eine Höhe von 26 Metern sind für einen Feldahorn außergewöhnlich, ebenso der Kronendurchmesser von 19 Metern. Sein Alter wird mit 190 Jahren angegeben. Es handelt sich um einen vitalen Einzelbaum. Dieser Feldahorn zeichnet sich durch eine ausdrucksvolle Wuchsform aus. Die Färbung seiner Blätter macht den Ahornbaum zum Inbegriff des Herbstes, und so hält er mit dem herbstlich getönten Rotbuchenlaub in jedem Wettbewerb mit.

Unsere Altvorderen müssen den Maßholder sehr geschätzt haben, wurde er doch gern neben Häuser, Stallungen und Scheuen gepflanzt. Vielleicht hatte jener alte Revierförster recht, der dem Ahorn eine antidämonische Wirkung zuschrieb, als er in den 1960er Jahren in Burg Schlitz erklärte: »Meine Waldarbeiter mögen alle drei Ahornarten, den Feldahorn, den Maßholder, aber besonders. Sein Holz, verbaut in Türen und Fensterrahmen, hält die Unholde ab, schützt Mensch und Vieh. Ahornzweige halten die Dämonen aus dem Stall fern, müssen aber an Johanni geschnitten werden. Kühe darf man nicht mit Ahornzweigen antreiben, ansonsten wird die Milch blutig. Und dem Ahorn muss man danken, am meisten schätzt der Maßholder Bier!« Das Laub des Maßholders (germanisch für Speise bzw. althochdeutsch Mazzaltru ebenso) wurde in Notzeiten nicht nur an das Vieh verfüttert (Schneitelbaum), sondern auch wie Kraut eingesalzen und kam auf den Speisetisch. Wie auch Forstleute und Möbeltischler schätzte

Der geteilte Riese

die Volksheilkunde den Ahorn. Der Ahornbaum gilt als freundlich und ausgeglichen, beruhigt die Gemüter und heitert auf, so auch heutigen Tags zu hören. Nach Hildegard von Bingen bringt ein Umschlag aus Rinde und Blättern Linderung bei Gelenkschmerzen und helfen gequetschte Blätter gegen Fieber, gewärmtes Holz gegen Gicht (wie auch das des Faulbaumes = Gichtholz). Bekannt ist die Süße des Ahornsaftes, hierfür besonders der Zuckerahorn aus Nordamerika.

Der Feldahorn lebte schon längere Zeit in größerer Nähe zu Menschen, war immer ein Baum des Siedlungsbereiches. Seine Fähigkeit, aus dem Stock wieder auszuschlagen (Schneitelbaum), ist deutlich ausgeprägter als bei seinen größeren Brüdern. Diese Eigenschaft wie auch seine meist bescheidene Größe und die bekannte Resistenz gegenüber Schädlingen macht den Feldahorn zum geeigneten Baum für Hecken und Straßenränder. So findet er den Weg in die Städte, belebt mit seinem bunten Herbstlaub Straßen und Plätze.

Der Feldahorn von Bülow/Bristow könnte, folgen wir der wissenschaftlichen Meinung, zu keimen angefangen haben, als in Mecklenburg die Leibeigenschaft, heuchlerisch als »Erbuntertänigkeit« verbrämt, endlich ihrem unseligen Ende entgegensah.

Bülow wurde 1232 als Byliewe erstmals genannt, »Ort des Bul, Bula«.[7] Bei Bülow liegt am Hochufer des Malchiner Sees der Weiße Berg, der Rest einer slawischen Burg aus dem 9./10. Jahrhundert. Etwas versteckt die kleine Badestelle von Bülow am Malchiner See. Sehenswert die Dorfkirche, ein Feldsteinbau mit eingezogenem quadratischem Chor und einem querrechteckigen Westturm, sowie das ehemalige Gutshaus (um 1820).

Von der B 108 in Ziddorf abbiegend geht es über Schorssow nach Bülow und dann in Richtung Bristow. In Bülow sollte Hilfe gesucht werden, um den etwas versteckt stehenden Feldahorn zu finden. GPS-Daten: Nord 53°41′58,9″ Ost 12°35′5,2″. Nahebei liegt das Naturschutzgebiet Gruber Forst, 325 Hektar umfassend, seit dem 7.9.1990 unter Schutz gestellt und auf öffentlichen Wegen begehbar. Es ist ein naturnahes Waldgebiet mit Mooren, Brüchen, größeren Altbuchenbeständen und Obstwiesen.

Rotbuche (Baum des Jahres 1990)

Schatten für Schafe und Unnerirdische

Dobbin

8 Die Schäferbuche gehört mit einem Stammumfang von 9,2 Metern zu den bekannten stärksten Buchen in Europa (!) und steht seit 1987 als Naturdenkmal unter Schutz. Ihr Alter wird zwischen 300 und 400 Jahren gesehen. Existenz, Größe und Form dürfte die Schäferbuche einer mittelalterlichen Art der Weidewirtschaft verdanken, welche Hudewälder (Hutewälder) entstehen ließ und noch weit bis in die Neuzeit betrieben wurde. Die masttragenden Bäume, Eichen und Buchen, standen sogar unter dem Schutz der Obrigkeit. Diese Einzelbäume oder seltener auch Baumgruppen sind nicht nur schützenswerte Naturdenkmale, sondern auch zu bewahrende Kulturzeugnisse.

Trifft das vorstehend genannte Alter zu, so könnte die Schäferbuche ihren Lebensweg aus einer Buchecker zum Schössling und Jungbaum während des Dreißigjährigen Krieges begonnen haben, der Mecklenburg, aber auch Vorpommern besonders schlimm verwüstete.

Daneben gibt es noch eine weitere, kommerziell-historisch geprägte Erklärung für die Existenz einzelner großer Eichen und Buchen auf den Feldmarken früherer Gutsdörfer. Kein Mensch zahlt gern Steuern. Das war (und ist) auch im Lande Mecklenburg-Vorpommern so. Steuern wurden nach Aussaat (in Scheffeln) berechnet. Wald wurde wesentlich niedriger besteuert. Also kamen pfiffige Leute auf folgende Idee: »Wir pflanzen einzelne Bäume an oder erhalten diese, pflügen und säen um sie herum, deklarieren das Ganze zum Wald, haben zwar etwas weniger Ertrag an Korn, aber zahlen deutlich weniger Steuern!«

Ursprünglich soll die Buche aus drei Sämlingen hervorgegangen sein. Die Borke zeigt wohl noch Spuren (Scheuerstellen) der

Eine der stärksten Rotbuchen Europas

Weidetiere, vielleicht auch vom Laubschnitt (Schneiteln) aus späteren Zeiten. Bis zum Sommer 2009 trug die Schäferbuche eine halbkuglige, symmetrisch geformte Krone. Dann brach ein Sturm zwei Starkäste ab. Dabei wurde auch das angegriffene Bauminnere sichtbar, und es mussten weitere Schutzmaßnahmen ergriffen werden. So ist das Betreten des Kronenbereiches seither nicht mehr erlaubt.

Vor langer Zeit war das noch ganz anders, wie die Geschichte eines Forstarbeiters, welcher in Dobbin aufgewachsen war und diese Episode von seinem dortigen Onkel oftmals gehört hatte, erzählt: »Im Schatten der großen Buche am Weg nach Neu-Dobbin, die auch Schutz vor Unwettern bot, rastete im Sommer um die Mittagszeit ein Schäfer mit seiner Herde. Unter der Buche trafen sich zu Johanni, wenn die Sonne hoch stand, auch die Unnerirdischen aus Dobbin und Serrahn zu einem Fest mit viel Bier, Braten und Brei. Da kamen sich der Schäfer und die Unnerirdischen in die Quere. Besonders das Geblöke der Schafe störte die kleinen Leute. Als der Lärm für die Unnerirdischen unerträglich wurde, wanderten sie aus und zogen auf eine Insel im Krakower See um!«

Dobbin wurde erst spät urkundlich erwähnt, nämlich 1347 als Dobin, »Ort des Doba«, dürfte aber deutlich älter sein.[8] Das ehemalige (neue) Schloss ist 1945 abgebrannt. Von der Gutshofanlage erhalten blieben das Inspektorhaus, das Kavaliershaus und der Marstall. Die Kirche wurde einst als gotische Kapelle in der ersten Hälfte des 14. Jahrhunderts errichtet. 1872 erfolgte eine umfassende Erweiterung, und die Kirche erhielt den Westturm mit der »Bischofsmütze«. Der Holzepitaph (Familie Barold) stammt aus dem 17. Jahrhundert. Der Marienaltar wird in das Ende des 15. Jahrhunderts datiert. Verwiesen sei zudem auf eine mehrstämmige, imposante Linde im Gutspark von Dobbin.

Die Anreise nach Dobbin kann über die A 19, Abfahrt Linstow, erfolgen, dann in westlicher Richtung vorbei an der Ferienanlage oder über Krakow, die B 103 nutzend. In Krakow wird dann in Richtung Linstow abgefahren. Dabei ist am Wadehäng ein Damm zu passieren,

Kirche mit Bischofsmütze

welcher den Krakower See in Unter- und Obersee trennt. Hier mag man sofort glauben, wovon jeder Mecklenburger überzeugt ist – dass dort nämlich (nach Fritz Reuter) einst das Paradies lag. Der dritte Weg nach Dobbin führt von Serrahn an Zietlitz vorbei, berührt die Schäferbuche, ist reizvoll, mit herrlichen Ausblicken versehen und auch für Radfahrer geeignet.

Eiche

Der verfluchte Förster

Dolgen am See

9 »Vader Kölzow, vor 40 Jahren Nachtwächter in Dolgen, erzählte, dass zur Zeit seines Großvaters der Förster aus Hohen Sprenz einen Meineid geschworen hatte, wodurch ein Stück des Dolgener Forstgebietes an Hohen Sprenz fiel. Nach seinem Tode wandelte er auf der Dolgener Scheide und rief: >Hir is de Scheid!<« Zwischen dieser Sage und dem Naturdenkmal Eiche besteht eine Beziehung, so ein Tierpfleger in den 1990er Jahren. »Solange die Eiche grünt, kann der meineidige Förster nicht erlöst werden und muss weiter die Dolgener Scheide ablaufen!«

Der Eiche mit dem Stammumfang von gut 5,70 Metern wird ein Alter von 650 Jahren zugebilligt. Sie macht einen vitalen Eindruck. Kein Wunder, wächst sie doch am Schichtwasser und somit unter besten Bedingungen. Dem besagten Förster stehen als Nachtodstrafe so wohl noch einige hundert Jahre für Gänge an der Dolgener Scheide in Aussicht. Zu finden ist die Eiche in einer Senke am Erlengrund des Dörfchens, gleich neben dem Weg zum Flüsschen Köhntop.

Die Eichel, aus der die Dolgener Eiche heranwuchs, keimte zu einer Zeit, als der Kaufmannsbund der Hanse, zu deren Mitgliedern nicht nur alle Hafenstädte von Mecklenburg und Pommern gehörten, sich erstmals (1358) »Städte von der Deutschen Hanse« nannte.

Dolgen am See, gelegen nordwestlich von Laage, wurde urkundlich erstmals 1285 genannt, »villam Dolghen et stagnum«. Hier handelt es sich um die ursprüngliche Bezeichnung des langen und schmalen Sees, an dem der Ort liegt. Nach dem See wurde der Ort benannt, dabei muss es sich nicht unbedingt um einen slawischen Benennungsakt handeln. Die Gemeinde prägend ist ihre Lage an dem drei Kilometer langen und 300 Meter breiten See. Auf eine Besiedlung in mittelslawischer Zeit verweist ein Burgwall auf einer Halbinsel am Südostufer

Die Eiche grünt – der Förster wandelt

des Dolgener Sees. Ebenfalls aus dem Mittelalter stammen Überreste eines weiteren Burgwalls, der Alten Burg, gelegen im Wald östlich der Straße Dolgen-Striesdorf.

Zu den weiteren Sehenswürdigkeiten der Gemeinde zählen das Herrenhaus Dolgen mit seiner Neorenaissance-Fassade aus dem späten 19. Jahrhundert, die Erdholländerwindmühle in Groß Lantow, das frühere Herrenhaus in Friedrichshof und mehrere rohrgedeckte Kleinbauernhäuser aus dem späten 18. Jahrhundert.

Dolgen kann über die B 103 angefahren werden. Nahe liegt der Autobahnanschluss Laage der A 19.

Sagenhafte Fallada-Heimat

10 Am Steilufer zum Zansen befindet sich ein riesiger Findling mit rätselhaften Kratzspuren.

Nach einer noch heute erzählten Legende warf der Teufel diesen Findling über den Zansen nach einem Müller, der ihm seine Seele verschrieben haben soll. Die 20 Rillen, welche der Findling aufweist, sollen von den Krallen des Teufels stammen.

Der Findling besteht aus Granit, kann eine Breite von mehr als zwei Metern aufweisen, ist über einen Meter hoch und gut zugänglich. Die Rillen werden als Gletscherschrammen angesehen, welche er auf seiner langen Reise aus Skandinavien abbekam. Im Naturschutzgebiet Hullerbusch befinden sich zahlreiche Blockpackungen, welche das Gebiet vor Ackerbau zuverlässig schützten. Nur Weidewirtschaft war möglich. So wuchsen auch Hude-Bäume zu imposanter Größe heran.

Der Zansen ist eigentlich eine Bucht des Carwitzer Sees, wird aber als eigenständiges Gewässer geführt. Er ist circa 4,2 Kilometer lang und 300–400 Meter breit. Sein Wasser ist sehr klar und der See daher bei Tauchern höchst beliebt. Der Zansen erreicht eine Wassertiefe von 34 Metern.

Zwischen Zansen und Schmalem Luzin liegt der Hullerbusch, ein reich profilierter Buchenwald. Er gehört zur Endmoräne des Ueckermärkischen Bogens der Pommerschen Hauptendmoräne der Weichseleiszeit. Am Waldrand gedeihen auch Holunder (Huller)büsche. Den Namen Hullerbusch trägt ebenfalls das kleine, aber reizvolle Hotel, welches 1905 als Villa Hullerbusch errichtet wurde. Die Lage und der Name weisen das Hotel als besonders geeignet für Verliebte aus, war Frau Holle, die holde Frau, nach Meinung unserer Altvorderen doch die Beschützerin der Liebenden. Darum

Zansenblick

Lieblingsplatz von Dachs Fridolin

durfte Holunderholz auch nicht im Herd verbrannt werden, schützte diese Ansicht den Holunderbusch, Frau Holles fruchttragenden Lieblingsstrauch.

Im Hullerbusch, hoch über dem Zansen, siedelte Hans Fallada übrigens den Dachs Fridolin an, welcher im Labyrinth der Röhren, Kessel und Eingänge des weitverzweigten Dachsbaus, seinem Geburtsort, im Halbschlaf über die Schlechtigkeiten der Welt nachdachte.

Hans Fallada (Rudolf Ditzen) lebte und arbeitete von 1930 bis 1945 im nahen Carwitz, auf dem Bohnenwerder. Hier befinden sich auch das Hans-Fallada-Museum und das Hans-Fallada-Archiv. Carwitz wurde erstmals 1393 urkundlich erwähnt, sein Name ist aus dem Altpolabischen abgeleitet: »Ort eines Charr« oder von Carwytze für krava = Kuh.[9]

Nach Feldberg kann über die B 198 angereist werden bei Nutzung der Landstraße von Möllenbeck nach Feldberg. Von Feldberg aus geht es dann über den Schmalen Luzin und hoch zum Hullerbusch. Der Weg zum Teufelsstein ist ausgeschildert. Ebenso reizvoll wie anspruchsvoll ist der Wanderweg von Carwitz zum Hullerbusch.

Findling Teufelsstein

Das Geschoss des Teufels

Friedland

⑪ Der Teufel muss in der Geschichte Mecklenburg-Vorpommers ein vielbeschäftigter Mann gewesen sein, wie die zahlreichen »Teufelssteine« unter den Naturdenkmalen des Landes belegen. Auch in diesem Kapitel hat er wieder reichlich Arbeit.

Einer Sage nach warf der Teufel den Stein aus den Brohmer Bergen nach der Friedländer Kirche, um diese zu zerstören. Der Stein fiel jedoch nach halbem Weg auf die Erde.

Der Teufelsstein, wegen seiner Form auch Hoher Stein genannt, ist ein Findling auf der Feldmark von Hohenstein, einem Ortsteil von

Der Teufelsstein von Hohenstein

Friedland. Mit seiner Länge von 5,2 Metern, 4,8 Metern Breite und 3,2 Metern Höhe gehört er zu den größten Findlingen im Landkreis Mecklenburgische Seenplatte. Der Stein ist als Geotop erfasst, wurde 1988 zum Naturdenkmal erklärt und hat bei einem Umfang von 13 Metern ein Volumen von 41,77 Kubikmetern. Der Teufelsstein besteht aus mittelkörnigem Granit und weist einen hellroten Aplitgang auf. Seiner Herkunft nach ist er wie die meisten anderen Findlinge in Mecklenburg-Vorpommern ein » alter Schwede «!

Der Stein diente bereits im Mittelalter als Landmarke, verlief doch in seiner Nähe die frühere Landstraße von Friedland nach Strasburg (Uckermark). Bei der Gründung von Friedland (Vredeland) war er ein Vermessungspunkt und markierte die Grenze der Gemarkungen zwischen Friedland und Hohenstein.

Südlich des Steins lag bereits im 15. Jahrhundert eine Schenke, welche die Schmettauschen Karten noch 1788 als Gasthaus Hohen Steinkrug verzeichnen. Später wurde die 1805 gegründete Meierei Liebig nach dem Findling in Hohenstein umbenannt.

Friedland, das alte Vredeland, wurde von den Askaniern als Grenzstadt zu Pommern gegründet und mit Privilegien versehen, aber auch in die Grenzsicherung eingebunden.

Im April 1945 wurde die Stadt zu weiten Teilen zerstört. Beinahe als Ironie der Geschichte blieben erhebliche Teile der mittelalterlichen Stadtbefestigung erhalten. Die Pfarrkirche Sankt Marien ist eine dreischiffige Backstein-Hallenkirche von elf Jochen und wurde im 14./15. Jahrhundert erbaut. Vom Gründungsbau aus dem 13. Jahrhundert ist das Untergeschoss des querrechteckigen Westturmes erhalten. Die Pfarrkirche Sankt Nikolai ist eine Ruine. Der Feldsteinquaderbau stammt aus der zweiten Hälfte des 13. Jahrhunderts.

Nach Friedland führt die B 197. Zwei Autobahnabfahrten der A 20 liegen nahe. Von Friedland nach Hohenstein bietet sich die Landstraße Richtung Woldegk an. Bequem ist die Anreise über die A 20, Abfahrt Friedland, dann auf besagter Landstraße Richtung Norden über Golm und Schönbeck an Heinrichswalde vorbei nach Hohenstein.

Die Ehre der Linde

12 Am südlichen Rand des ehemaligen Gartens des Gutshauses von Galenbeck (Landkreis Mecklenburgische Seenplatte) steht eine der wenigen erhaltenen Tanzlinden Deutschlands und wohl die Letzte ihrer Art in Mecklenburg-Vorpommern. Der Tanzlinde von Galenbeck wird ein Alter von 150–200 Jahren zugestanden. In die Linde hinein ist ein Fachwerkgerüst gebaut, das einen Tanzboden trägt. Die Äste der Krone sind kandelaberartig gezogen, dienten so vielleicht einst auch als Tragäste für den Tanzboden und als Dach darüber. Die unteren Tragäste sind weitgehend abgestorben. Die oberen waagerecht gewachsenen Äste sind erhalten. Sie bilden zusammen mit der Baumspitze eine fast kuglige Krone. Der Baumstamm ist beinahe vollständig hohl. Zur Erhaltung des in Mecklenburg-Vorpommern einzigartigen Natur- und Kulturdenkmals wurde das Fachwerkgerüst 1993 erneuert. Die Baumkrone schnitt man im Winter 2002 zurück.

Im August gibt es in Galenbeck das Tanzlindenfest. Die Tanzlinde wurde nach dörflicher Meinung zu Ehren von Königin Luise von Preußen (1776 geboren, 1810 in Hohenzieritz gestorben) gepflanzt und gestaltet – Luisenlinde. Auf dem Tanzboden haben bis zu 24 Personen Platz.

Tanzlinden waren und sind zum Teil auch noch heute der Mittelpunkt dörflicher Tanzfeste und Gebräuche. Die Wissenschaft unterscheidet Tanzlinden im engeren und im weiteren Sinne sowie sonstige Tanzlinden. Diese Definitionen müssen die Galenbecker und ihre Gäste aber nicht weiter bekümmern; nur so viel: Die Galenbecker Linde ist eine Tanzlinde im engeren Sinne mit Podest und ohne Astkranz.

»Unter der Tanzlinde von Galenbeck wurde auch Gericht gehalten«, erzählte in den 1980er Jahren Förster B. aus Rothemühl.

Letzte ihrer Art im Lande – Tanz- und Gerichtslinde Galenbeck

»Hierzu mussten alle Leute mit Kopfbedeckung erscheinen. Zuge-
lassen waren nur konfirmierte Personen. Außerhalb des Kronenbereiches lagen Steine im Kreis. Das war die Grenze des Gerichtsbezirkes.
Zum 1. Mai wurde erstmals im Jahr unter der Linde getanzt. Auf dem
Podest saßen die Musiker. Das erste Mädchen, welches den Reigen
anführte, musste eine Jungfrau sein. Drängte sich ein Mädchen vor,
welches die Jungfräulichkeit bereits verloren hatte, so war das eine
Beleidigung der Linde. Dann musste der Boden unter der Linde eine
Handbreit tief abgetragen, mit Ackererde aufgefüllt und mit Heusaat
aus dem letzten Jahr wieder begrünt werden.«

Galenbeck wurde 1277 erstmals urkundlich als »Golenbeke« erwähnt; altpolabisch für Taube.[10] Von 1391 bis 1945 befand sich Galenbeck im Besitz derer von Rieben, also auch zu der Zeit, als die Tanz-
linde/Luisenlinde gepflanzt wurde. Die Burg derer von Rieben wurde
1453 durch Brandenburger zerstört. Der Burgturm, wegen des sump-
figen Untergrundes (am Galenbecker See) stark geneigt, »der schiefe
Turm«, hat als Ruine die Zeiten überdauert. Erhalten blieben auch
Fundamentreste und Teile der Wallanlage.

Der Schiefe Turm von Galenbeck

Als Sehenswürdigkeiten der Gemeinde Galenbeck sind u. a. das Tor-
haus (18. Jahrhundert) in Kotelow und das Museumsdorf Schwichtenberg mit Findlingsgarten und der Dauerausstellung »Von Huus
un Acker« sowie die Schmalspurbahn zu nennen. Der Geschiebe-
garten von Schwichtenberg gehört zum Geopark Mecklenburgische
Eiszeitlandschaft.

Die Gemeinde Galenbeck liegt etwas abseits der großen Verkehrs-
wege, ist aber über eine Landstraße von Friedland über Lübbersdorf
oder von Strasburg über Schönhausen gut erreichbar. Zehn Kilometer südlich von Galenbeck besteht Anschluss an die A20 (Abfahrt
Strasburg).

1000-jährige Eichen

Europas grüne Monumente

Ivenack

13 Im Jahr 1252 stiftete Reimbern von Stove zu Stavenhagen das Kloster Ivenack, welches als Zisterzienserinnenkloster bis 1555 bestand. Das barocke Schloss wurde auf den Grundmauern des säkularisierten Klosters errichtet. Bereits in slawischer Zeit nutzte man das Gebiet des heutigen Tiergartens als Waldweide. Später diente es dem Vieh des Klosters als Hude-Wald. Hierin und in dem Schutz, welchen die »Mastbäume« daher erfuhren, liegt die Ursache für die außerordentliche Stärke der Eichen im Tiergarten von Ivenack. Nach der Legende sollen die Eichen schon 1806 einen solchen Umfang aufgewiesen haben, dass der wertvolle Zuchthengst Herodot aus dem Gestüt des Grafen von Plessen zu Ivenack dort in einem hohlen Stamm vor den einfallenden Franzosen versteckt werden konnte. Doch sein Wiehern verriet den Hengst. Er wurde beschlagnahmt. Generalfeldmarschall

Die älteste Eiche aus Adlers Sicht

Gebhard Leberecht von Blücher setzte nach dem Einzug in Paris (1814) die Rückgabe von Herodot an seinen Besitzer durch und der Hengst kehrte nach Ivenack in das Gestüt zurück. Herodot wurde nach seinem Tode unter einer Eiche begraben (Herodoteiche). Nachdem die alte Eiche umgebrochen war (nach 1970), wurde am selben Standort eine Nachfolgerin gepflanzt.

Die Ivenacker Stieleichen gehören zu den ältesten Eichen Europas. Sie sollen 500 bis knapp 1000 Jahre alt sein. Die Mächtigste der Ivenacker Eichen hat einen Stammumfang von über elf Metern und eine Höhe von 35,5 Metern. Dieser Baum sieht sehr gesund aus und seine Früchte sind immer noch keimfähig. Nach neueren Untersuchungen wird sein Alter mit 800 bis 900 Jahren angegeben. Im 19. Jahrhundert sollen es noch 20 Eichen gewesen sein, um 1900 elf an der Zahl. Heute gibt es hier noch sechs große Stieleichen. Unter den 86 umfänglichsten Eichen Deutschlands belegt die stärkste der Ivenacker Eichen Platz zwei! Werden nur die einstämmigen Eichen gewertet, so ist sie die Siegerin! Auf den Plätzen 17 und 18 rangieren zwei ihrer Nachbarinnen.

Aus der Zeit des Nonnenklosters stammt die Sage von den sieben verwunschenen Nonnen. »Als nämlich, so heißt es, in uralten Zeiten einmal sieben Ivenacker Nonnen ihr Gelübde gebrochen und eine schreckliche Sünde begangen hatten, wurden sie zur Strafe dafür in diese Eichen verwandelt. Nach 1000-jährigem Bestehen soll nun zuerst eine dieser Eichen ausgehen und damit zugleich die darin verwandelt gewesene Nonne erlöset sein, hundert Jahre später soll dann die zweite absterben, und so fort, alle folgenden hundert Jahre immer eine, bis alle sieben Eichen tot und somit sämtliche Nonnen erlöst sind. Wann aber nun die tausend Jahre verstrichen sein werden, weiß zwar Niemand, aber man glaubt, daß die Zeit bald um ist.«[11]

Nach einer weiteren Sage sollen nicht alle Nonnen hinter den Klostermauern glücklich gewesen sein. Sieben von ihnen gingen daher einen Pakt mit dem Teufel ein. Er versprach, ihre Flucht zu organisieren. Allerdings stellte er eine Bedingung: Bis Stavenhagen

Bemooste Riesin

Dickster Eicheneinzelstamm Europas

durften die Nonnen sich nicht umdrehen. Doch ihre Neugier siegte. Sie schauten zurück und verwandelten sich augenblicklich in Eichen.

Der Ortsname Ivenack leitet sich aus dem Altpolabischen ab: »Iva«, eine Weidenart, »Ort am Weidengehölz«.[12]

Die Reihe der Sehenswürdigkeiten von Ivenack ist lang. Neben dem »Pflichtbesuch« der 1000-jährigen Eichen mit dem Pavillon und seiner Ausstellung zur Geschichte und den Aufgaben des Tiergartens sollte der ehemalige Gutshofkomplex mit Kirche und Park das Interesse eines jeden Besuchers finden: Schloss Ivenack, ein dreigeschossiger Putzbau, gelegen im Park am Ivenacker See (noch nicht vollständig saniert), Teehaus und Orangerie (beide noch nicht saniert), Marstall und Reithalle, die Kirche, errichtet auf den Grundmauern der Kirche des säkularisierten Nonnenklosters, und die alte Försterei an der Dorfstraße.

Unweit an Ivenack vorbei führt die Landstraße von der Reuterstadt Stavenhagen nach Altentreptow. Reizvoll ist der Wander- und Radweg von Stavenhagen nach Ivenack.

Eibe (Baum des Jahres 1994)

Der Baum des Todes

Jabel

14 Jabel, gelegen in der Nähe von Waren im Landkreis Mecklenburgische Seenplatte, kann auf die wohl stärkste Eibe des Landes verweisen. Sie steht auf dem Pfarrhof neben der Kirche und hat einen Umfang von 4,6 Metern, eine Höhe von zwölf Metern und eine Krone, die etwa 15 Meter ausgelegt ist. Auffallend, bei Eiben aber nicht ungewöhnlich, ist die Stammverzweigung unmittelbar über dem Boden. Der Baum, oder vielmehr seine einzelnen Stammteile, dürften ein Alter zwischen 250 und 300 Jahren aufweisen. Die Eibe wurde wohl aus mehreren Setzlingen gezogen. Imposant auch die alten Winterlinden in der Nachbarschaft der Pfarrhofeibe.

Die Eibe dürfte ihre ersten Zweige bekommen haben, als durch die Dritte Hauptlandesteilung im Hamburger Vergleich Mecklenburg in Mecklenburg-Schwerin und Mecklenburg-Strelitz aufgeteilt wurde.

Auf der Nordhalbkugel kommen acht verschiedene Eibenarten vor. Der immergrüne Nadelbaum gilt als besonders langlebig, hat festes, dichtes, sehr zähes und schweres, dabei harzfreies Holz. Bögen wurden bevorzugt aus Eibenholz gefertigt. Auch Uller, der germanische Jagdgott, soll einen Bogen aus Eibenholz benutzt haben. Uller wohnte in »Ydalis, den Eibentälern«. Heute stehen Eiben unter Naturschutz; in Deutschland auf der Roten Liste für gefährdete und besonders bedrohte Pflanzenarten. 1994 wurde die Eibe zum Baum des Jahres erklärt.

Schon im Altertum bezeichnete man die Eibe als Baum des Todes, dessen Ausdünstung während der Blütezeit einen unter ihm Schlafenden töten könne. Die gesamte Pflanze, bis auf den roten Samenmantel (Scheinbeere), enthält giftige Substanzen, sogenannte Taxan-Derivate.

Auf die Ausdünstungen der Eibe soll sich auch Autor Fritz Reuter

Pfarrhaus in Jabel

berufen haben, der einst schrieb, Adam und Eva seien die ersten Mecklenburger gewesen und vom lieben Gott aus dem Lehm vom »Preisteracker tau Jabel!« erschaffen worden.

Fritz Reuter soll von seiner Familie in die Abgeschiedenheit des Jabel'schen Paradieses strafversetzt worden sein, um von seinem wohl »feucht-fröhlichen« Lebensstil Abstand zu gewinnen. Sein Onkel Ernst Reuter war der Dorfpfarrer in Jabel. Die Erziehungsmaßnahmen halfen wenig. Fritz Reuter soll unter den ausladenden Ästen der Eibe mit seinem Onkel gebechert haben. Seine häufige Übelkeit hätte Fritz Reuter mit den »schädlichen Ausdünstungen« der Eibe erklärt. Was davon Dichtung und Wahrheit ist, weiß niemand so genau zu sagen. Gesichert ist, dass Fritz Reuter den Sommer 1841 in Jabel verbracht hat.

Jabel liegt in einem waldreichen Gebiet zwischen dem Jabelschen See und dem Loppiner See, die mit den großen Seen (Kölpinsee und Fleesensee) verbunden sind. Zwischen dem Jabelschen See und dem

Damerow und Jabel am Jabelschen See

Kölpinsee, auf der Halbinsel Damerower Werder – ein Schutzgebiet von hohem Wert – leben seit 1957 in einem Freigehege Wisente. Hier gibt es ein Schau- und ein Zuchtgehege.

Die Dorfkirche von Jabel, ein rechteckiger neugotischer Backstein- bau mit eingezogenem Westturm, wurde 1868 auf den Grundmauern der abgebrannten mittelalterlichen Kirche errichtet. Das Pfarrhaus gegenüber der Kirche erbaute man in seiner heutigen Form im Jahr 1824.

Jabel liegt an der Verbindungsstraße von Malchow nach Waren (Müritz), welche nördlich um die großen Seen (Fleesensee und Köl- pinsee) führt. Die Gegend ist touristisch gut erschlossen, für Wan- derer und Radfahrer geeignet und sagt Familien mit Kindern ganz sicher zu. Der Dorfgasthof, ein wirklich gastlicher Ort, führt den Na- men Zur Eibe.

Zu Ehren von »Marschall Vorwärts«

Kavelpaß

❶❺ Der Blücherstein bei Kavelpaß ist (noch) nicht von Sagen umwoben, hat aber einen bekannten Namenspatron aus der deutschen Geschichte – Gebhard Leberecht von Blücher, der spätere »Marschall Vorwärts« und wohl populärste General der Befreiungskriege (1813–1815) gegen Napoleons Frankreich. Während des Siebenjährigen Krieges (1756–1763) wagt sich der Fahnenjunker Blücher, der zu der Zeit für die Schweden kämpft, bei einem Gefecht bei Kavelpaß am 27. August 1760 zu weit vor. Sein Pferd wird von einer preußischen Kugel getroffen. Blücher wird gefangen genommen und nach Galenbeck (siehe Seite 42 ff.) überführt. Am 20. September 1760 tritt er in die Dienste Preußens ein. Friedrich II. kann Verstärkung gut gebrauchen. Später wird Blüchers Verhältnis zum Preußenkönig schwierig und führt zum offenen Zerwürfnis mit Beschwerde und Abschied. Erst der Nachfolger des großen Friedrich, Friedrich Wilhelm III., hat wieder Verwendung für den Rittmeister von Blücher, der kriegsentscheidend in die Befreiungskriege gegen Napoleon eintritt.

An den Helden jener Tage erinnert noch heute der Blücherstein bei Kavelpaß (Gemeinde Boldekow, Landkreis Vorpommern-Greifswald). Der als Geotop ausgewiesene Stein befindet sich nördlich von Friedland und westlich der B 197 nach Anklam. Er liegt auf einer Hochfläche in einem Kiestagebau nördlich des Großen Landgrabens. Der Findling ist zerklüftet und wirkt daher wie aus mehreren Einzelsteinen zusammengesetzt. Er ist 5,2 Meter lang, vier Meter breit und 3,5 Meter hoch. Sein Umfang beträgt 11,5 Meter und das berechnete Volumen 38 Kubikmeter. Der Stein besteht aus feinkörnigem Granit und ist als geologisches Einzelobjekt entlang der Eiszeitroute (A 33)

Mit Ecken und Kanten – wie »Marschall Vorwärts«

ausgewiesen (Tour sieben: Von Klempenow nach Schwichtenberg). Bei diesem Findling handelt es sich vermutlich um einen Spaltrest, da die längste Achse senkrecht steht.

Die Ersterwähnung von Kavelpaß datiert aus dem Jahre 1306. »Stede unde hus to der Koghelen«, und 1331 heißt es castrum Cochele, Schloss zur Kogel. Der Name kommt aus dem Altpolabischen, bedeutet »Ort des Chochol« und ist ebenso wie Kakeldütt von »hoholu« abzuleiten.[13] Nördlich des Ortes am Hang, unmittelbar neben der B 197, befindet sich ein mittelalterlicher Turmhügelrest. Auf diesem errichtete man im Zusammenhang mit dem Chausseebau von Kavelpaß nach Zinzow 1833 den sogenannten Grafenstuhl als Aussichtspunkt. Er wurde aus gehauenem Granit in runder Form mit einer Plattform gebaut. Graf von Schwerin auf Zinzow hatte dazu Land und Material zur Verfügung gestellt, daher »Grafenstuhl«.

Nach Kavelpaß führt die B 108.

Wo der Sand wandert

Klein Schmölen

16 Die Elbtaldünen bei Klein Schmölen sind nach der Definition kein Naturdenkmal, sondern ein Naturschutzgebiet. Besonderheit der größten Binnenland-Wanderdüne Europas ist, dass sie in Teilen noch immer wandert!

Die Düne ist zwei Kilometer lang, 600 Meter breit und erhebt sich an ihrem höchsten Punkt auf 42 Meter über NN. Unter Schutz stehen seit dem 11. September 1967 110 Hektar. Das abschmelzende Eis der jüngsten Kaltzeit bildete hier am Südwestrand von Mecklenburg eine letzte Endmoräne. Südlich von Dömitz und nahe Klein Schmölen entstand durch die abfließenden Wassermassen, welche den Lehm aus dem Boden wuschen, das Urstromtal der Elbe. Es blieb nur ein heller Sandboden übrig, welcher noch heute das Bild der Landschaft bestimmt. Durch die in der Region vorherrschenden Nordwestwinde kam es zum Aufwerfen der Schmölener Düne mit ihren hohen Dünenzügen und flachen Flugsandfeldern, heute zum Teil aufgeforstet oder von Moosen, Flechten und anspruchslosen Gräsern bedeckt. Einige Bereiche der Düne sind vegetationsfrei. Hier verlagert der Wind noch immer den Sand. Die Düne als Komplex wandert nicht mehr. Als Schutzgegenstand gilt die Erhaltung des durch Windeinfluss ständig umgebildeten Dünenkomplexes mit einem Restsee als einzigartiger Landschaftspark. Das gesamte Dünengebiet im Urstromtal der Elbe erstreckt sich von Wittenberge im Süden bis nach Boizenburg im Norden über eine Länge von etwa 100 Kilometern.

Das östliche Hinterland des Urstromtals der Elbe bildet in weiten Teilen die Griese Gegend, etwa ein Dreieck und zwischen Sude, Strohkirchener Bach, Neuem Kanal, Eldekanal und Rögnitz gelegen. Die Herkunft des Namens ist nicht ganz eindeutig. Die Tagelöhner und Wanderarbeiter aus dem Landstrich trugen ungefärbte, graue

Sand, Kiefern und viel blauer Himmel

Leinenkleidung. Andererseits hat der Boden, meist Sand, eine graue Farbe (= gries). Dieser Flugsand wehte früher sogar Dörfer zu, welche aufgegeben werden mussten. Der Boden eignet sich schlecht für ertragreichen Ackerbau. Daher blieben den Menschen der Griesen Gegend Gutswirtschaft und Bauernlegen meist erspart, finden sich hier noch viele ursprüngliche Hofstellen, oft in einem Hausbusch von stattlichen Eichen liegend.

Dieser Sand ist nahe verwandt mit dem, welcher die besagte Binnenland-Wanderdüne von Klein Schmölen bildet, beziehungsweise mit dem des Urstromtals der Elbe. Sand, welcher Äcker, Wald und Dörfer unter sich begräbt, das ist Stoff für Sagen.

Der Literatur- und Sprachwissenschaftler Karl Bartsch überlieferte mehrere von ihnen, darunter die Sage vom Untergang der Stadt Ramm, heute ein Dorf zwischen Hagenow und Lübtheen. »Die Leute in der Stadt Ramm waren sehr böse und ihr Treiben wurde immer sündlicher. Da ward ihnen verkündet, der Untergang ihrer Stadt sei beschlossen, sie hätten nur zu wählen, auf welche Weise er herbeigeführt werden solle, ob durch Feuer, durch Wasser oder durch Sand. Sie wählten das Letztere, weil es ihnen am unwahrscheinlichsten schien. Aber das Gericht blieb nicht aus. Gott der Herr erwählte diesmal zu seinem Werkzeug einen Bollen. Dieser kam dahergesprungen und schlug mit seinen Hinterfüßen unaufhörlich Sand in die Luft. Jetzt eilte man hinaus mit Schaufeln und Spaten, um den Bollen zu vertreiben. Aber dieser blickte seine Verfolger so grimmig an, daß sie erschreckt zurückwichen. Er aber lief fortwährend um die Stadt und schlug nach allen Seiten Sand hinein, bis sie zuletzt ganz damit bedeckt war. Jetzt wächst ein ansehnlicher Tannenwald über der verschütteten Stadt.«[14]

Groß- und Klein Schmölen wurden 1428 Grote Smulen un de Lutke Smulen genannt (altpolabisch = Teerort),[15] Dömitz 1237, Domeliz (Nachkommen des Domel).[16] Ramm wurde erst 1696 als Ramme (altpolabisch, wohl als Holzhauerplatz zu übersetzen) urkundlich benannt, dürfte aber wesentlich älter sein.[17]

Nach Klein Schmölen kann die Anreise über die B 191 erfolgen, ab Dömitz dann unter Nutzung einer Landstraße oder auch über die B 191 und in Neu Kaliß, Alt Kaliß und Groß Schmölen nach Klein Schmölen. Der Mecklenburger Seenradweg führt nahe am südwestlichen Rand der Düne bei Klein Schmölen vorbei. Die Binnendünen können vom Parkplatz in Klein Schmölen auf einem Rundweg erwandert werden. Ein Aussichtspunkt ermöglicht weite Blicke in das Elbtal und auf das unmittelbar südlich anschließende Naturschutzgebiet Löcknitztal-Altlauf.

Ein unheimlicher Rastplatz

Kuchelmiß

17 Am Rande der Kreuzung Landstraße Teterow – Krakow, Serrahner Weg und Weg zum See in Kuchelmiß stehen drei alte Stieleichen mit dem Naturschutzsymbol, der sympathischen Waldohreule. Es waren mehr Eichbäume von dieser respektablen Größe, ein beachtlicher Baumstumpf berichtet davon. Hoffnung gibt es aber auch. Eine jüngere Eiche wächst in der Nähe heran. Über die andere Seite der Kreuzung hinweg, in der Seestraße, wird die Seeseite des Weges von ebensolch imposanten Eichen gesäumt. Einst standen wohl Eichen auf beiden Seiten des Weges, lag hier vielleicht der dörfliche Hude-Wald.

An den Eichbäumen des Kreuzweges reiften sicherlich bereits Eicheln, als Martin Luther seine bekannten und folgenreichen Thesen

Hier geht der Huck up um

am Hauptportal der Schlosskirche zu Wittenberg anschlug (1517) und auf dem Reichstag zu Worms (1521) mannhaft seine Ansichten zum Christentum vor den Größen des Heiligen Römischen Reiches Deutscher Nation vertrat.

Der vorstehend genannte Platz war seinerzeit den landfahrenden Leuten als zeitweiliger Rastplatz zugestanden, nach dörflicher Ansicht jeweils für weniger als 24 Stunden. Von hier schwärmten die Frauen aus, um wahrzusagen oder zu betteln, die Männer, um Kessel zu flicken und gegebenenfalls Pferdehandel zu betreiben. Mit diesem Platz unter den alten Eichen an der Kreuzung sind, nicht verwunderlich, Sagen und Geschichten verbunden.

»Im Nebelholz (gleich nebenan) lauerte der Huck up. Der setzte sich dem nächtlichen Fußgänger auf die Schultern, machte sich schwer und ließ sich ein ganzes Ende mitschleppen.« Bauer Krüger aus Kuchelmiß hatte eine akzeptable Erklärung. »Das war meist der böse Branntwein, der Geist aus der Flasche.«[18]

Warum nur noch wenige Eichen erhalten sind, wusste ein Schuster Hannemann aus Serrahn zu berichten. »In Kuchelmiß gibt es ein Bruch, das heißt das Hahnbruch. Da hat früher ein Graf Hahn gewohnt. Ein wandernder Schmiedegeselle soll einmal in die Burg gekommen sein und um Wegzehrung gebeten haben. Da der Graf ihm nichts gegeben hat, soll der Geselle gewünscht haben, dass ein Gewitter den Grafen erschlüge. Da soll ein Blitz niedergefahren sein und den Grafen getroffen haben. Darum stehen nur noch am Rande des Eichhorstes einige alte Eichen.«[19]

Kuchelmiß, gelegen am reizvollen Durchbruchstal der Nebel, wurde urkundlich erstmals 1366 erwähnt und 1479 mit »to Kuchelmisse« bezeichnet. Der Ortsname kommt wohl aus dem Altpolabischen und kann mit »Strudelbachort, Ort des strömenden Wassers« übersetzt werden.[20]

Ein Besuch in der ehemaligen, nun als Museum zugänglichen Wassermühle kann sehr empfohlen werden, wie auch ein Gang um den alten Karpfenteich mit dem mittelalterlichen Turmhügelrest

Seerosen auf dem Nebelfluss

und einem beeindruckenden Eichenstumpf. Vom 1945 gesprengten Schloss künden nur noch wenige Reste; im Park stehen einige alte Eichen. Erhalten geblieben sind der alte Marstall und der frühere Wasserturm.

Wandersleuten zu Fuß oder mit dem Rad bieten sich viele interessante Wege an. Das Nebeldurchbruchstal zwischen Serrahn und Kuchelmiß ist touristisch erschlossen und mit einem Naturlehrpfad versehen. Die Nebel wurde am 5. April 1990 von ihrem Ausfluss aus dem Krakower Obersee (ebenfalls Naturschutzgebiet) bis zur Ortschaft Klueß unter Schutz gestellt. Gegenwärtig ist sie wohl das sauberste und artenreichste Fließgewässer Mecklenburg-Vorpommerns unter Einbeziehung der anliegenden Flächen (z. B. Orchideenwiesen bei Serrahn/Kuchelmiß). Eine öffentliche Nutzung ist über ausgewiesene Wanderwege möglich.

Kuchelmiß liegt an der A 19, Abfahrt Krakow – Teterow. Nahe bei Krakow verläuft die B 103.

Zeugin des Wendenkreuzzuges 1147

Löcknitz

18 In Löcknitz steht am See eine 1000-jährige Eiche, auch Irmtruds Eiche genannt. Nach der Geschichtsschreibung begann Otto von Bamberg im Jahr 1124 sein Bekehrungswerk in Pommern. Landesherren – Pommern war in mehrere Herzogtümer aufgeteilt – und Adel begrüßten das Vorhaben, unterstützten Otto. Die wendische Priesterschaft lehnte das Christentum ab, hatte auch noch viel Rückhalt bei den wendischen Bauern und Handwerkern. Soweit die gesicherte Überlieferung.

Nun beginnt die Sage. So geriet das Geschwisterpaar Irmtrud und Bornat aus Stettin bei der Reise nach Löcknitz zum dortigen Burgvogt, ihrem Verwandten Conrad de Lokenitz, in einen Hinterhalt der Leute von Sweno, dem wendischen Tempelpriester von der Burg über dem Leichensee. Irmtrud kam gegen hohes Lösegeld frei, Bornat blieb in Gefangenschaft. Der Pommernherzog Wartislaw von Stettin, Conrad de Lokenitz und Bischof Otto eroberten in einem Winterfeldzug im Jahr 1127/1128 die Tempelburg, zerstörten diese und mit ihr ein Standbild des Götzen. Sweno kam in den Flammen um, Bornat wurde gerettet. Zum Dank pflanzte Irmtrud an der Stelle, von der aus sie den Kampf beobachtet hatte, eine kleine Eiche, heute den Löcknitzern als 1000-jährige Eiche bekannt.

Im Mai 2000 wurde die Millenniumseiche, ein achtjähriger Ableger der 1000-jährigen Eiche, beim Parkplatz Haus am See gepflanzt.

Stimmt das Pflanzdatum 1128, so wäre die Löcknitzer 1000-jährige Eiche immerhin 900 Jahre alt und bereits zur Zeit des Wendenkreuzzuges (1147) ein hoffnungsvoll aufstrebender Jungbaum gewesen.

Um zum Naturdenkmal 1000-jährige Eiche am Rötberg zu

Knorrig und unbeugsam: 1000-jährige Eiche

Gedenkstein an der Löcknitzer Eiche

gelangen, wandert man am nördlichen Ufer des Sees entlang. 1995 wurde die Eiche von Baumchirurgen aufwendig saniert. »Ihre Standhaftigkeit verdankt die Eiche von Löcknitz einer starken Wurzelstütze. Einer ihrer Wurzelanläufer windet sich halb odererdig aus drei Metern Entfernung Richtung Stammbasis.«[21]

Das Wappen von Löcknitz zeigt übrigens auch ein Eichenblatt, das an die 1000-jährige Eiche und die waldreiche Umgebung von Löcknitz erinnert.

Der Name Löcknitz (für den Fluss) könnte nach anderer Meinung auch mit »Sumpfbach«, oder poetischer mit »lokno«, im Slawischen für Seerose stehend, übersetzt werden.

Löcknitz wird von der B 104 durchquert. Das Randowtal kann mit dem Boot, auf Rad- und Wanderwegen und mit dem Kremser erkundet werden.

Friedhofseiche
Vom Teufel zu Tode getanzt
Lüttenhagen

19 Die Stieleiche auf dem Friedhof von Lüttenhagen gilt als die älteste und stärkste Vertreterin der an Starkeichen reichen Feldberger Seenplatte. Sie ist, bei ihrem Standort ja selbstverständlich, öffentlich zugänglich. Ihr Alter wird mit etwa 700 Jahren angegeben. Der gemessene Umfang beträgt 8,11 Meter, ihre Höhe 21 Meter. Die Eiche wächst als Einzelbaum, hat leider schon vor vielen Jahren ihren Nachbarn, eine Linde, verloren (die Linde wurde gefällt). Der Zustand der Eiche wird als vital bezeichnet. Sie dürfte auf dem Friedhof gepflanzt worden sein und überlebte den das Dorf verwüstenden Dreißigjährigen Krieg!

Stärkste Eiche im Feldberger Land

Als die Eiche heranwuchs, kam das Land Stargard unter die Herrschaft Heinrichs II. (des Löwen) von Mecklenburg.

Einer Sage nach soll in einem Dorf bei Feldberg eine Braut vom Teufel zu Tode getanzt worden sein. Es könnte sich dabei um Lüttenhagen handeln, und die Stieleiche könnte ein Zeuge dieses Tanzes mit dem Bösen sein.

Albert Niederhöffer, bereits mehrfach als Sagenerzähler und -sammler genannt, wollte sich zum Ort des Geschehens nicht festlegen, berichtete nur von einem Dorf bei Feldberg. Ein Forstmann aus dem Altkreis Mecklenburg-Strelitz war sich im Gespräch bei einem Besuch im Waldmuseum Lüt Holthus in Lüttenhagen 1990 ganz sicher. »Das war hier im Dorf, in Lüttenhagen!«

Der brave Bursche Johann hatte berechtigte Zweifel an der Treue seiner Braut. Sie schwor einen Meineid, wurde dafür auf ihrer eigenen Hochzeit vom Teufel geholt und auf grässliche Weise zu Tode gebracht.

Lüttenhagen hat eine wechselvolle Geschichte aufzuweisen, und ebenso wechselte mehrfach die Ortsbezeichnung. Lüttenhagen ist eine Siedlung »aus wilder Wurzel«, ein Rodungsdorf aus der Zeit des deutschen Landesausbaus. Im Dorf lädt das Waldmuseum Lütt Holthus zu einem sehr informativen Besuch ein. Es ist ganzjährig geöffnet, wie auch der gleich in der Nähe liegende Paradiesgarten. Dieser wurde 1881 als forstbotanischer Versuchsgarten angelegt, um neuartige Gewächse auf ihre Eignung zu testen, als Nutzhölzer angebaut zu werden. Von den ursprünglich 27 angepflanzten Baumarten haben sieben Arten überlebt. Im Jahr 1995 wurde der Garten rekonstruiert, beschildert und erweitert. 1994 wurden zum Jahr der Eibe 100 Eiben unter den Buchen angepflanzt. Dominiert wird der Forstgarten von den stattlichen Küsten-Douglasien. Seit Mai 2012 bereichern 16 große hölzerne »Waldgeister« den kleinen Park.

Nicht weit entfernt befinden sich die Heiligen Hallen, das älteste Waldschutzgebiet Mecklenburgs, bereits um 1850 als Gebiet auf Erlass des Großherzogs von Mecklenburg-Strelitz »für alle Zeiten zu

Getreue Nachbarn – Kirche und Eiche

schonen«. Schutzstatus besteht seit dem 24. Februar 1938. Schutzge-genstand: autochthoner Buchenwald in der Zerfalls- und Regenera-tionsphase. Im Naturwaldreservat werden zwar nur noch wenige Ex-emplare der alten Baumriesen vorgefunden, die vorhandenen ältesten dürften inzwischen aber über 350 Jahre alt sein. Von den 17 stärks-ten Buchen Nordostdeutschlands stehen hier allein acht Bäume! Seit mindestens 100 Jahren unterbleibt hier jegliche forstliche Nutzung. Das Naturschutzgebiet ist auf Waldwegen gut zugänglich.

Lüttenhagen ist erreichbar über die Landstraße von Möllenbeck Richtung Feldberg oder von Feldberg Richtung Lychen. Die Feldber-ger Landschaft ist auch über gut ausgebaute Rad- und Wanderwege zu erleben.

Findling Teufelsstein

Ein Riese in teuflischer Wut

Mildenitz

20 »Von der höchsten Erhebung in Mecklenburg-Vorpommern, den Helpter Bergen (179 Meter über NN), soll einst ein heidnischer Riese aus teuflischer Wut auf die neue Religion einen großen Stein in Richtung Mildenitzer Kirche geworfen haben. Der Herr hielt aber seine schützende Hand über das Gotteshaus und der Stein landete kurz zuvor auf der Wiese, wo er heute noch liegt. In dem ausgehenden Mittelalter hörte man nichts mehr von den Riesen. Das Christentum hatte die großen Heiden zu sehr zermürbt – und sie sind ausgestorben. Zumindest fand man in späteren Jahrhunderten riesige Knochen, die einige Wissenschaftler allerdings den Sauriern zuordneten.«[22]

Der Teufelsstein liegt nordwestlich von Mildenitz. In der Ortsmitte den Plattenweg nach Helpt bis zum ersten Haus von Scharnhorst nehmen und am Damwildgatter rechts abbiegen und ca. 500 Meter geradeaus. Die große Scheune bleibt links liegen. Hinter der rechten Anpflanzung etwa 500 Meter einer Fahrspur folgen. Dann grüßt eine größere Eiche, davor liegt am Hang der Teufels- oder Hünenstein. Die

Schleifkuhle oder Eingriff des Teufels?

Das verfehlte Ziel – Kirche in Mildenitz

Schleifkehle macht ihn unverwechselbar. Der Findling steht seit 1938 unter Schutz. Seine Höhe beträgt etwa zwei Meter, und sein Volumen wird auf 40 Kubikmeter geschätzt. Der Granitfindling dürfte von Bornholm mit dem Eis der Weichseleiszeit nach Mildenitz gelangt sein. Mildenitz wurde 1312 als Mildeniz, »Nachkommen des Milen«, erstmals urkundlich erwähnt. Die Dorfkirche ist ein rechteckiger Fachwerkbau aus dem 18. Jahrhundert; die Glocke sei bereits um 1300 gegossen worden.

Die Helpter Berge, von wo aus der wütende Riese den besagten Stein nach der Kirche von Mildenitz schleuderte, liegen gleichfalls im Landkreis Mecklenburgische Seenplatte. Sie gehören zum Rückland der Mecklenburg-Brandenburger Seenplatte und stammen aus dem pommerschen Stadium der Weichseleiszeit.

Durch Mildenitz führt die B 104, nach Helpt eine Straße, die von der Straße von Woldegk nach Friedland in Höhe Friedrichshöhe oder Helpt abzweigt. Wer den höchsten der bewaldeten Helpter Berge erklimmt, eben die stolzen 179 Meter über NN, findet sogar ein Gipfelbuch vor, allerdings aus Metall und nicht zum Öffnen.

Stieleiche

Im Schatten der Riesin

Minzow

㉑ »An der Straße, die von Röbel nach dem Dorfe Minzow führt, war in früheren Zeiten eine lebende Quelle, zu der die Leute von nah und fern kamen, Genesung zu suchen. Manchen aber war sie ein Aergerniß, weil sie den Reisenden manche Unbequemlichkeit verursachte und bei großem Wasserreichthum zuweilen die Aecker überschwemmte. Sie versuchten sie daher durch Sand, Steine und Buschwerk zu verschütten, aber es gelang nicht, bis endlich in der Nacht ein böser Mensch den Brunnen entweihte. Seitdem ist die Quelle versiegt!«[23]

Bei einer Weidekontrolle in den 1980er Jahren gab eine Tierpflegerin eine etwas andere Begründung für das Versiegen der Quelle wie auch für deren Beziehung zur Kroneiche.

»Da waren die Kühe ausgebrochen, und weil es ein warmer Tag war, zog die Herde zu der Quelle. Die Tiere stillten ihren Durst, und wie Kühe so sind, drehten sich einige nach dem Trinken um und koteten in die Quelle. Das verdross die Nixe der Quelle gewaltig, und sie ließ das Quellwasser einen anderen Weg nehmen. Die Quelle bewässert seither die Wurzeln der Kroneiche. Daher ist die Eiche so groß und stattlich!«

Die Kroneiche im Glienholz (Glina = im Slawischen Lehm) an der Straße Minzow – Röbel hat einen Umfang von 9,73 Metern und eine Höhe von 25 Metern. Sie ist ein Einzelbaum, wohl als Hude-Eiche anzusehen, und ihr Alter wird zwischen 400 und 650 Jahren vermerkt. Die Kroneiche ist ein vitaler, wenn auch nach Nordost geneigter Baum, welcher in guten Jahren Frucht trägt. Sie ist Stolz der Röbeler, ist sie doch unter den im Müritzgebiet öfter anzutreffenden Starkeichen die umfänglichste. Ihr Stamm ist massig und moosbewachsen, einige untere Äste sind abgebrochen oder abgestorben.

Alt, bemoost und doch vital

Unter den 86 dicksten Eichen Deutschlands belegt die Kroneiche von Minzow Platz acht! Als sie ihre ersten Blätter entfaltete, wurde die Universität zu Rostock gegründet, sodass der Eiche das angesagte Alter von 600 Jahren zugebilligt wird.

Die Kroneiche ist eine Stieleiche und dürfte ihren Namen von der slawischen Bezeichnung für Kranich erhalten haben. Nahe steht das Forsthaus Hagen, das auf Weisung des Bürgermeisters Karl Hermes

Holz, Stein und Moos eng verbunden – vermauerte Stammhöhle

aus Röbel am Ende des 19. Jahrhunderts als Holzwärterei errichtet wurde. Seinen Namen erhielt es nach einem Forstaufseher Hagen, der immer grimmig auftrat. So berichtet ein Holzschild im abgetrennten Wurzelbereich der Kroneiche.

Daneben kann Minzow auch auf einen »Teufelsstein« verweisen. Mit einer Länge von 2,30 Metern, der Breite von 1,5 Metern und einer Höhe von 1,10 Metern kann man ihn eher zu den kleineren Findlingen zählen. Interessant sind jedoch die schälchenartigen Vertiefungen auf seiner Oberfläche, die aus der Bronzezeit (1800–800 v. u. Z.) stammen dürften. In dieser Zeit wurde der Findling vermutlich zu kultischen Zwecken genutzt.

Minzow (Ort des Mines)[24] wurde im 15. Jahrhundert als Dorf erwähnt, wo die Herren von Below in dem Bauerndorf mehrere Hufen besaßen, und dürfte wesentlich älter sein. Die Kirche wurde 1862 anstelle des abgebrannten Gutshauses errichtet. Minzow gehört zur Gemeinde Leizen und liegt im Landkreis Mecklenburgische Seenplatte nahe der A 19. Die Anreise kann über die Straße Röbel–Minzow erfolgen. Radfahrer werden die Gegend um Röbel als interessant und vielgestaltig erleben, den Blick auf die Müritz und weitere Großseen als überwältigend.

Findling Rillenstein
Hügelgräber und Räuberhöhlen
Mollenstorf

②② »Bei Mollenstorf an der Landstraße zwischen Waren und Penzlin liegen drei mächtige Hünengräber, in denen, wie man sagt, große Schätze verborgen sind, die in früheren Zeiten von Räubern dort aufgehäuft wurden. Ein unterirdischer Gang soll diese Räuberhöhlen miteinander verbinden.«[25]

Im Zusammenhang mit den drei Hügelgräbern wird im Ort der Rillenstein gesehen, welcher zwischen dem ehemaligen Gutshaus und der Kirche liegt. Ein besonderes Merkmal dieses Steines sind die im Winkel von 90 Grad zueinander stehenden tiefen Rillen. Die Rillen wirken wie regelmäßig geschliffen.

»Dieser Stein war eingemauert in die Kellerwand des größten Hünengrabes. Da haben die Räuber ihre Gefangenen eingesperrt«, erzählte einst ein Viehzüchter Mitte der 1980er Jahre in Mollenstorf. »Ihre Familien mussten viel Lösegeld zahlen. Da haben einige Gefangene versucht zu fliehen und mit den Scherben eines irdenen Kruges Rillen in den Stein geschliffen. Sie wollten den Stein aus der Kellerwand brechen. Das hat der Kerkermeister aber bemerkt und verhindert!«

Menhire, Rillen- und Schälchensteine werden häufig als Opfersteine bezeichnet, welche wie andere auffällige Findlinge bei Opferzeremonien oder anderen Kulthandlungen Verwendung fanden. Die Wissenschaft ist der Meinung, dass gesicherte Kultanlagen in der Norddeutschen Tiefebene eher selten gefunden werden. Menhiren, aufrecht stehenden, länglichen (säulenartigen) unbearbeiteten Steinen, wird noch am ehesten eine Nutzung als Opferstein oder anders genutzter Kultstein zugestanden. Ähnlich verhält es sich auch mit den häufigeren Schälchensteinen.

Bei den nicht mehr häufig vorhandenen Steinen mit eingemeißelten

Fruchtbarkeitssymbol?

Rinnen oder Wetzrillen, den Rillensteinen, sind Wissenschaftler keineswegs einer Meinung, was deren einstige Verwendung betrifft. Es werden in der Gestaltung bestimmter Rillensteine phallische Symbole vermutet und ein Zusammenhang mit Fruchtbarkeitsriten neolithischer Bauernkulturen für möglich gehalten. Die Funde von Rillensteinen im Zusammenhang mit Megalithgräbern lassen jedenfalls eine zeitliche Bindung zum Neolithikum wahrscheinlich erscheinen. Von bearbeiteten Steinen aus jener Zeit sind solche zu unterscheiden, bei denen erst später bzw. bis in die Moderne menschliche Einwirkung (Steinschläger) erfolgte.

Rillensteine werden im Volksmund gelegentlich zwar derb, aber nicht unverständlich ob der Anordnung der Rillen und deren Tiefe als »Arschbackensteine« bezeichnet. In Mollenstorf dient der Rillenstein auch als Adresse (Am Rillenstein). Im Gebiet der Mecklenburgischen Seenplatte sind nur noch aus der Nähe von Klein Luckow am Ohgang-See und Wildberg (nördlich des Kastorfer Sees) weitere Rillensteine bekannt.

Bescheiden und dauerhaft – Kirche in Mollenstorf

Die drei bronzezeitlichen Hügelgräber liegen nahe am Weg von Mollenstorf nach Groß Vielen.

Die Kirche in Mollenstorf wurde bereits 1355 erwähnt, das Dorf mit dem heutigen Namen Mollenstorf erst 1558. Die frühgotische Kirche ist ein rechteckiger Backsteinbau. Ein frei stehender Glockenstuhl mit zwei Glocken steht an der Westseite der Kirche. Das ehemalige Gutshaus ist ein zweigeschossiger Putzbau aus dem 19. Jahrhundert mit Balkon im Mittelteil.

Mollenstorf liegt nahe bei Penzlin im Landkreis Mecklenburgische Seenplatte und unweit der B 192 mit Zufahrt über Ave.

Schiefe Eiche

Die Eiche im Geisterreich

Moltzow

㉓ »In den Rauhnächten ist ja die Wilde Jagd unterwegs. So zog einstens der Wilde Jäger mit seinem Gefolge vom Ohgang-See zu den Kalkberger Tannen von Marxhagen. Als die Wilde Jagd über Moltzow hinwegfegte, verfing sich der linke Hinterhuf vom Pferd des Wilden Jägers in der Krone einer großen Eiche. Der Wilde Jäger trieb sein Pferd an, und der Hinterhuf kam frei. Die Eiche wächst seither schief!« Diese Geschichte erzählte Förster G. aus N. – ein weithin bekannter und geschätzter Geschichtenerzähler – bei einem Gang durch den Park von Burg Schlitz in den 1960er Jahren. Als Rauhnächte werden die zwölf Nächte zwischen Weihnachten und dem 6. Januar bezeichnet, in denen das Geisterreich offenstehen soll.

Doch zurück zur Eiche, deren schiefer Wuchs ihr zu einer gewissen Berühmtheit verhalf. Sie ist 23 Meter hoch, und der Stammumfang beträgt etwa 6,8 Meter. Ihr Alter wird mit 250 Jahren angegeben. Sie dürfte ein Hude-Baum gewesen sein, von denen in Moltzow und Umgebung noch weitere angetroffen werden. Die Schiefe Eiche macht einen vitalen Gesamteindruck. Sie wuchs heran, als Mecklenburg-Strelitz und Mecklenburg-Schwerin im Siebenjährigen Krieg arg zu leiden hatten.

Moltzow (Ort des Molca) wurde 1491 urkundlich erwähnt, dürfte als slawische Gründung aber älter sein.[26] Das Moltzower Gutshaus wurde 1852 durch den Schweriner Baurat Theodor Krüger im Tudorstil als zweigeschossiger Backsteinbau über einem Feldsteinsockel errichtet. Der zugehörige Landschaftspark ist nur unvollständig erhalten. Im Südosten des Gemeindegebietes, bei Marxhagen, erreicht die Endmoräne ihre größte Höhe im Naturpark Nossentiner/ Schwinzer Heide, stolze 127 Meter über NN. Von der Westspitze des großen Landschaftsparks von Marxhagen, welcher in der Mitte des

Schiefe Eiche – ein Werk der Wilden Jagd

19. Jahrhunderts angelegt wurde, bietet sich ein großartiger Blick auf die Moränenlandschaft des mittleren Mecklenburgs.

Moltzow liegt etwa auf halber Strecke zwischen Teterow und Waren im Landkreis Mecklenburgische Seenplatte. Am Ortsausgang nach Rambow, rechts neben der Schulstraße, neigt sich in auffälliger Weise die Schiefe Eiche. Es wird vermutet, dass früher ein Graben neben der Stieleiche verlaufen ist und der weiche Grund zu der Schieflage des Baumes geführt hat.

Großer Stein

Jahrhundertsteinbruch
für Preußensäulen

Nardevitz

24 Der Große Stein von Nardevitz ist einer der mächtigsten Findlinge Norddeutschlands und nach dem Buskam vor Göhren der größte Findling Rügens. Der Stein besteht aus Hammergranit, wie er auf der Insel Bornholm angetroffen wird. Sein Volumen wird mit 120 Kubikmetern angegeben, seine Länge mit 7,5 Metern, die Breite mit vier und die Höhe mit fünf Metern. Der oberirdisch messbare Teil hat ein Volumen von 71 Kubikmetern und ragt etwa drei Meter aus der Erde.

Der Große Stein wurde über Jahrhunderte als Steinbruch genutzt. Daher wird angenommen, dass er einst dreimal so groß war wie heute. Nach Meinung von Bewohnern Rügens konnte auf ihm ein Viergespann bequem wenden. Spuren auf seiner Oberfläche weisen darauf

Der Große Stein mit Gefolge

hin, dass weitere Sprengungen vorgesehen waren. Heute gehört der Große Stein von Nardevitz zu den rund 20 weiteren Findlingen auf Rügen mit gesetzlichem Schutz als Geotop (G2 75).

In den Jahren 1854 und 1855 wurden die sechs jeweils etwa fünf Tonnen schweren Säulentrommeln und die bis zu zwei Tonnen schweren Teile der Postamente der Preußensäulen bei Neukamp bzw. Groß Stresow aus ihm geschlagen.

Im Auftrag des preußischen Königs Friedrich Wilhelm IV. errichtete Ludwig Wilhelm Stürmer am Rügenschen Bodden nach dem Vorbild der Trajan-Säule in Rom zwei freistehende Gedenksäulen im Stil des späten Klassizismus. Die Säule bei Neukamp wurde am 15. Oktober 1854 und die bei Groß Stresow genau ein Jahr später eingeweiht. Da schwere Bauschäden erkennbar waren, mussten beide Säulen abgebaut und restauriert werden. Im Jahr 2012 wurde die Säule von Neukamp wieder errichtet und die Figur des Großen Kurfürsten aufgesetzt. Die Preußensäule in Neukamp erinnert an die erste (und zeitweilige) Eroberung Rügens durch Brandenburg 1678. Ihre Höhe beträgt 17 Meter.

Der zweitgrößte Findling Rügens

Im Jahrhundertsteinbruch

Die sanierte Preußensäule in Groß Stresow wurde 2014 wieder aufgestellt. Das hier ursprünglich befindliche Standbild von König Friedrich Wilhem I., dem Soldatenkönig, steht als Original vor dem Verräterhaus in Groß Stresow. Auf die Säule soll eine Kopie gesetzt werden. Die Preußensäule von Groß Stresow erinnert an den Sieg von Preußen und Dänemark über Schweden 1715 im Nordischen Krieg in der Schlacht von Groß Stresow. Die Höhe beträgt 15 Meter. Auch diese Eroberung hatte nur wenig Bestand. Erst mit dem Wiener Kongress kam Rügen 1816 an Preußen.

Nardewitz wurde 1318 als Nardevitze urkundlich erwähnt (Siedlung der Leute des Nerad) und liegt bei Lohme auf der Halbinsel Jasmund.[27] Der Große Stein liegt etwa 400 Meter nördlich von Nardewitz in Richtung Lohme. Herrlich ist der Blick auf die Ostsee Richtung Kap Arkona.

Findling

Der König der Jahrhunderte

Neubrandenburg

25 »Weniger bekannt dürfte die Geschichte vom Stein bei der Papiermühle sein. Ihn bringt die Sage mit einem anderen großen Stein in Treptow* in Zusammenhang. Zwischen Neubrandenburg und Treptow wohnten an der Landesgrenze zwei Riesen, ein Mecklenburger und ein Pommer. Beide verabredeten eines Tages ein Wettwerfen mit zwei großen Steinen. Der Mecklenburger sollte den Kirchturm in Treptow, der Pommer den der Neubrandenburger St. Marienkirche einwerfen. Aber beide verfehlten ihr Ziel. Am besten traf noch der Mecklenburger, denn sein Stein schlug nicht fern von der Treptower Kirche, am Klosterberg, ein, wo er noch heute liegt. Der Stein des Pommern aber flog etwa eine halbe Meile über Neubrandenburg hinweg und ging bei der Papiermühle nieder. Eine auf ihm eingemeißelte, leider etwas verwitterte Inschrift nennt ihn ›König der Jahrhunderte‹«.[28]

Der König – umgeben von Rotbuchen

Der »König der Jahrhunderte«, oder wie im vorstehenden Zeitungsbeitrag vorgeschlagen »König der Jahrtausende«, hat einen Umfang von etwa 15 Metern und ein Volumen von circa 35 Kubikmetern. Er besteht aus grauem Växjo-Granit. Auf seiner Oberseite befinden sich zwei schüsselartige Vertiefungen, »Schälchen«. Der König der Jahrhunderte liegt im Kleinen Mühlenholz, nahe der ehemaligen Papiermühle (Ruine), auf der rechten Seite der Bahnlinie Neubrandenburg–Burg Stargard. Vom Steingarten »Hinterste Mühle« ist der Weg an der Linde gut ausgeschildert. Der König der Jahrhunderte gehört zu den fünf größten bekannten Findlingen der Region um Neubrandenburg. Der Weg zu ihm ist nur für Radfahrer und Fußgänger geeignet. Eine Tafel neben dem Stein gibt Auskunft.

Neubrandenburg, die alte Vorderstadt, wurde 1248 von den Markgrafen von Brandenburg auf einer Sandscholle im Tal der Tollense zur Sicherung sich hier kreuzender Handelswege angelegt. Im Dreißigjährigen Krieg und in den letzten Tagen des Zweiten Weltkrieges fast völlig zerstört, wurde die Stadt immer wieder aufgebaut. Die Liste ihrer Sehenswürdigkeiten ist dennoch lang: die fast vollständig erhaltenen Verteidigungsanlagen (vier Tore, Graben-Wallsystem, Stadtmauer mit zahlreichen Wiekhäusern), die zur Konzertkirche umgebaute Stadtkirche Sankt Marien, die Johanniskirche, ehemals Klosterkirche, das teilweise zum Museum ausgebaute ehemalige Franziskanerkloster, der Amtshügel in Broda, wo einst das Kloster Broda (Prämonstratenser – Männerkloster) lag, eine Keimzelle der Stadt, Belvedere, einstiges Sommerhaus der Herzöge von Mecklenburg-Strelitz hoch über dem Tollensesee.

Nach Neubrandenburg führen viele Wege, so die B 104, die B 192 und die B 197, nicht zu vergessen zwei Anschlüsse der A 20. Mit der Eisenbahn ist eine Anreise möglich und sogar über den Flugplatz Trollenhagen, im Norden Neubrandenburgs gelegen. Die Region Tollensee verfügt über ein beachtliches Netz von Rad- und Wanderwegen.

*Gemeint ist der Große Stein am Klosterberg in Altentreptow (siehe Seite 18). 1939 wurde Treptow in Altentreptow umbenannt.

Gespensterwald an der Kliffkante

Buchen, Hexen, Hühnergötter

Nienhagen

26 Das bekannte Ostseebad Nienhagen liegt einige Kilometer westlich von Rostock. Der Waldstreifen an der zwölf Meter hohen Steilküste westlich des Ortes, das Nienhäger Holz, ist allerdings viel bekannter unter dem Namen Gespensterwald.

Im Ort erzählen Einheimische, dass unter den verwachsenen, eigenartig geformten Buchen an den Tag-und-Nacht-Gleichen um Mitternacht die Hexen tanzen, im Herbstnebel auch gern einsame Wanderer erschrecken. Wer einen Hühnergott mit mindestens drei Löchern dabei hat, der ist vor dem Bösen geschützt!

Das Nienhäger Holz, ein 180 Hektar großer Mischwald, wird von Rotbuchen dominiert, weist aber auch einige Eichen auf. Der

Gespensterwald – wo der Wind das Gras mäht

Buchen an der Kliffkante

Gespensterwald ist ein 100 Meter breiter und 1300 Meter langer Waldanteil des Nienhäger Holzes. Die Altholzbuchen ragen hier mit ihren Wurzeln über die Kliffkante der Ostseesteilküste hinaus.

Aus 90–170-jährigen Eichen, Buchen, Hainbuchen und Eschen setzt sich der Baumbestand zusammen. Die ältesten Bäume des Gespensterwalds keimten wohl schon, als die Revolution von 1848/1849 auch beide Mecklenburg und Vorpommern erreichte. Das Bizarre und die Einmaligkeit dieses Küstenwaldstreifens sind in Jahrzehnten des stetigen Ostseewindes wie auch durch viele Stürme geprägt worden. Gespenstisch wirken daher die vor dem Wind »fliehenden« Kronen und Stämme, besonders bei Nebel und in der Dämmerung. »Wo der Wind das Gras mäht«, sagen die Einheimischen, wenn sie vom Gespensterwald reden.

Gespenstische Riesen

Die Gemeinde Nienhagen liegt an der Ostseeküste zwischen Heiligendamm und Warnemünde. Der Ort wurde urkundlich erstmals 1264 erwähnt. Ab 1906 begann sich Nienhagen zum Ostseebad zu entwickeln. 1929 erhielt Nienhagen die Konzession zur »Ausübung des Seebadebetriebes«. 1936 erfolgte eine offizielle staatliche Anerkennung als Ostseebad. Unmittelbar hinter der Steilküste verläuft der reizvolle Wanderweg nach Börgerende. Unterhalb des Steilufers befinden sich zum Baden geeignete Strandabschnitte.

Die Anreise kann auf der B 105 über Bad Doberan nach Nienhagen oder von Warnemünde Richtung Bad Doberan erfolgen. Der Europäische Rad- und Wanderweg E 9 führt direkt bis an das Waldgebiet heran.

Findling Breiter Stein

Die versteinerte Braut

Parchim/Kiekindemark

27 Den Breiten Stein, auch Brautstein genannt und auf dem Sonnenberg bei Kiekindemark unweit von Parchim liegend, umweben Sagen gleich »hümpelweise«.

Von dem Dörfchen Kiekindemark führt der Slater Kirchsteig, auch als Brautsteig bezeichnet, durch den Wald in das Kirchdorf Slate. Der Breite Stein liegt rechts am Wege und ist ausgeschildert.

Nach der Volksmeinung wollte sich eine junge Frau nicht mit dem Gutsherren verheiraten lassen. Sie wollte lieber zu Stein werden, als dem Gutsherren in die Ehe zu folgen. Ihr Wunsch erfüllte sich auf dem Weg zur Kirche.

Laut Sage handelt es sich beim Breiten Stein um eine versteinerte Brautkutsche. Einst seien Leute aus Kiekindemark in Slate beim Pastor gewesen. Lange soll das an jenem Freitag gedauert haben, und so fuhr man erst um Mitternacht durch das Holz zurück, kam vom Weg ab und begegnete dem Teufel. Und der holte sie alle. Der Große oder Breite Stein – das sei die Kutsche, die beiden anderen seien die Pferde. Die versteinerten Hunde seien nicht mehr da. Man habe diese Findlinge und viele mehr beim Bau der Ziegendorfer Chaussee zwischen 1905 und 1907 verbraucht.

Der Breite Stein ist der größte an der Oberfläche liegende Findling im Sonnenberg. Kantig ragt er etwa mannshoch aus dem Boden auf. Sein Volumen wird auf 12–15 Kubikmeter geschätzt. Oben auf dem Findling befindet sich eine muldenartige Vertiefung, welche als Blutrinne gedeutet wurde und so den Breiten Stein zu einem Opferstein und Mittelpunkt kultischer Handlungen machte. Die vielen kreisrunden Ausreibungen lassen ihn als Schälchenstein einordnen. Für die Verwendung des Breiten Steins als Opferplatz liegen keine gesicherten Belege vor.

Brautkutsche aus Stein

Findlinge auf dem Sonnenberg

Der Sonnenberg ist ein größeres Waldgebiet mit Erhebungen bis 126 Meter über NN (Langer Berg) und eine Endmoräne mit tertiärem Kern. Vor der Weichseleiszeit hatte der Sonnenberg nach Meinung von Geologen eine Höhe von 300 Metern über NN, ein uraltes Waldgebiet mit vielen verschiedenen Holzarten. Später wurden Teile auch landwirtschaftlich genutzt. Auf dem Sonnenberg befindet sich die ebenfalls sagenumwobene Höhle des Räubers Vieting, welche sich allerdings nur noch als tiefes rundes Loch auf dem Vietingsberg erweist. Der Sonnenberg verfügt auch über eine Wunderbuche – zwei sich in zwei Meter Höhe vereinigende Baumstämme. Ein Hinweisschild führt den Wanderer zu diesem Krupbaum. Der Sonnenberg liegt etwa drei Kilometer südlich von Parchim. Das Naturschutzgebiet umfasst circa 115 Hektar. Seine Unterschutzstellung erfolgte am 30. März 1961. Als Schutzgegenstand wird der wertvolle Eichen-Buchenwaldkomplex mit sieben Hektar Totalreservat genannt. Bekannt, ja berühmt sind die Parchimer Douglasien, welche nach Förstermeinung zu den besten und höchsten in Mitteleuropa

Limes auf Platt – Parchimer Landwehr

gehören. Eingeführt wurde die Douglasie 1881 durch den damaligen Forstsenator der Stadt Parchim, Wilhelm Evers. Eine Begehung des Sonnenberges ist auf Wegen mit markierten Wanderzielen möglich.

Kiekindemark gehört seit 1922 zu Parchim, der alten Vorderstadt an der Elde, und liegt im Südwesten des Parchimer Stadtgebietes auf einer Hochfläche, die den Sander der Weichseleiszeit überragt.

Sehenswert sind neben Teilen der Parchimer Landwehr, die im 14. Jahrhundert errichtet worden sein dürften, der Forsthof mit seinen denkmalgeschützten, restaurierten Einzelgehöften und ein nordwestlich vom Ort stehender, ebenfalls als Denkmal geschützter Grenzstein.

Das in der Sage mehrfach genannte Kirchdorf Slate wurde 1343 erstmals urkundlich erwähnt. Sein Name ist aus dem Altpolabischen abgeleitet.[29] Es wird eine Nähe zu dem Edelmetall Gold vermutet. Claims wurden aber bisher nicht abgesteckt, auch keine Schürfrechte vergeben. Die Dorfkirche von Slate ist ein Backsteinbau aus dem 15. Jahrhundert.[30] Kiekindemark kann über die Abfahrt 15 (Richtung Parchim) der A 24 gut erreicht werden.

Eiche

Schönheit in Blätterkleid

Pinnow

28 »Die Eiche mit dem waagerechten großen Ast im alten Gutspark von Pinnow heißt bei den alten Leuten im Dorf manchmal noch Liebes- und Kindereiche«, erklärte Ende der 1970er Jahre ein Viehzüchter aus Chemnitz bei Pinnow. »Hier trafen sich unverheiratete Paare, gaben sich ein Jawort, bevor die Eltern davon erfuhren, und gönnten sich im Parkgebüsch auch schon mal vorzeitige Ehefreuden, was manchmal zu unverhofftem Kindersegen führte.«

Die Schöne Eiche im Gutspark Pinnow ist als Naturdenkmal unter der Nummer 1486 registriert. Den Namen Schöne Eiche verdient die Stieleiche zu Recht. Stamm und Astwerk sind in gleichmäßiger Wuchsform ausgebildet. Ein markanter Ast mit Bruchstelle macht die Stieleiche unverwechselbar. Sie hat eine Höhe von 25 Metern und einen gemessenen Umfang von 7,95 Metern. Es wird angenommen, dass der Einzelbaum ein Alter von 350–400 Jahren hat. Sein Zustand ist vital.

Als aus dem Keimling ein Jungbaum wurde, hatten beide Mecklenburg wie auch Pommern im Brandenburgisch-Schwedischen Krieg zu leiden (1674–1679), trafen die Kampfhandlungen die Landbevölkerung, erst die schlimmsten Folgen des Dreißigjähren Krieges überwindend, erneut mit vielerlei Pein und Not.

Die Schöne Eiche von Pinnow, ihren Beinamen ganz sicher verdienend, nimmt derzeit unter den 86 dicksten Eichen Deutschlands den Platz Nummer 32 ein. Das Kuratorium »Alte liebenswerte Bäume« hat die besagte Eiche im Gutspark Pinnow zur schönsten Eiche Deutschlands gekürt.

Die Eiche stand wohl in einem ehemaligen Hudewald und wurde als freistehender Baum in die Anlage des Gutsparkes (zwischen 1863 und 1869) einbezogen, dem die sehr starken Bäume nicht

Schönste ihrer Art in deutschen Landen – die Pinnower Eiche

ausgehen dürften; Nachfolgerinnen, eine mit sechs Meter Umfang, stehen bereit. In den Gutspark eingebunden wurde auch eine mittelalterliche Befestigungsanlage aus frühdeutschem Turmhügel und Wassergraben.

Die Schöne Eiche im Gutspark Pinnow steht auf Privatgelände, der Zugang wird geduldet.

Pinnow liegt in der Gemeinde Breesen und somit im Landkreis Mecklenburgische Seenplatte, unweit von Neubrandenburg. Das Dorf wurde 1272 erstmals urkundlich erwähnt. Der Ortsname leitet sich aus dem Altpolabischen ab: Baumstumpf, Baumstamm.[31] Die Benennung erfolgte damit wohl im Zusammenhang mit der hier betriebenen Rodungstätigkeit.

Das zweigeschossige Gutshaus, ein Backsteinbau mit neun Achsen und breitem turmartigem Mittelteil, wurde 1869 errichtet. Die kleine Fachwerkkirche erbaute man 1730, den querrechteckigen Westturm aus Feldstein und sein quadratisches Obergeschoss 1907.

Nach Pinnow gelangen Besucher über einen Abzweig von der B 104 zwischen Chemnitz und Gädebehn. Vom Gemeindesitz Breesen führt eine gute Landstraße nach Pinnow. Rad- und Fußwanderer können den Land-Wald-Weg von Chemnitz benutzen.

Schleudersteine für Riesen und Teufel

Pudagla

29 Der Teufelsstein oder Riesenstein liegt im Achterwasser westlich von Pudagla (Landkreis Vorpommern-Greifswald). Der als Geotop geschützte Stein befindet sich auf der Scharbank des Achterwassers etwa 200 Meter westlich des Konker Berges. Der Findling ist vier Meter lang, 3,8 Meter breit und 2,7 Meter hoch (1,2 Meter liegen unterhalb des Wasserspiegels). Sein Umfang beträgt zehn Meter, und das Volumen wurde auf 22 Kubikmeter berechnet. Der Teufelsstein besteht aus kristallinem Gestein und wird unter der Nummer G 53 geführt. Herkunft: Småland.

Geworfen von des Teufels linker Hand

Der Sage nach wollte der Teufel oder ein Riese, da waren sich die Erzähler nicht ganz einig, den Bau des Klosters Pudagla verhindern, indem der Stein in dessen Richtung geworfen wurde. Der Stein entglitt jedoch aus den Fingern, prallte gegen den Konker Berg und rollte ins Wasser. Der Konker Berg wurde früher auch Kamker Berg oder Kamiker Berg genannt.

Im Gesteinsgarten von Neu Pudagla, am Forstamt gelegen, bieten etwa 150 Exponate der Freiluftausstellung Einblicke in die geologische Vergangenheit der vorpommerschen Landschaft. Neben recht häufigen Gesteinen finden sich auch geologische Besonderheiten wie der Nexösandstein. Der älteste Findling ist etwa zwei Milliarden Jahre alt! Der Usedomer Gesteinsgarten zählt zu den bedeutendsten Gesteinssammlungen in Norddeutschland. Der Teufel oder auch die Riesen hätten jedenfalls die Qual der Wahl unter den so unterschiedlichen »Schleudersteinen«!

Zum Riesenstein von Pudagla ist die Anfahrt über die B 110 möglich. Zwischen Pinnow und Gneventhin wird auf einer Hubbrücke der Peenestrom überquert. Die Aussicht ist immer wieder schön. Durch die Kleinstadt Usedom fährt man bis zum Abzweig Mellentin. Das Dorf Pudagla liegt am Schmollensee, der Riesenstein im Achterwasser linker Hand in Richtung Neppermin.

Pudagla wurde erstmals 1270 als Pudgla erwähnt (altpolabisch: am Berg) und bezieht sich auf den 38 Meter hohen Hügel südlich des Ortes am Schmollensee (heute Glaubensberg).

Zu den Sehenswürdigkeiten des Ortes zählen das Schloss, 1574 als Witwensitz eingerichtet, ein zweigeschossiger, schmuckloser Putzbau, und die Bockwindmühle, errichtet 1779 und bis 1937 in Betrieb. Die Mühle gehört der Gemeinde, wurde restauriert und beherbergt ein kleines Museum. An festgelegten Tagen wird der Mahlvorgang für Besucher demonstriert.

Findling Opferstein

Caspar David Friedrichs Modell

Quoltitz/Gummanz

③⓪ »Jenseits des Krattbuschberges auf Jasmund, am Fuße der gegenüberliegenden Quoltitzer Berge, breitet sich ein Thal aus. In dessen Mitte liegt ein einzelner grauer Stein, länglich rund, am Nordende zugespitzt und oben glatt abgeplattet. Derselbe ist vier Ellen lang und beinahe zwei Ellen hoch. Er hat den alten Heiden zum Opferstein gedient. Man findet noch oben auf der Platte eine querverlaufende Rinne, unter derselben zwei Vertiefungen in dem Steine, von denen die Leute sagen, daß der Oberpfaffe in dieselben die Blutgrapen gesetzt habe.«[32]

Diese Ansicht ist gewiss nur in Teilen haltbar. Der Opferstein von Quoltitz, um den heute große Linden stehen, war sicher ein

Ein Modell für Caspar David Friedrich

Mühlenbruch, aus dem Trogmühlen gewonnen wurden. Die Schälchen dagegen, auch Blutgrapen genannt, dürften bronzezeitlicher Herkunft sein und kultischen Zwecken unbekannter Art gedient haben.

Der Opferstein von Quoltitz ist als Geotop G2 72 vermerkt. Sein Umfang beträgt 13,4 Meter, sein Volumen circa 14,5 Kubikmeter. Das Gewicht wird bei etwa 73 Tonnen vermutet, sein Alter mit circa 1780 Millionen Jahren angegeben. Der Stein aus Syenogranit gilt als archäologisches Naturdenkmal. Der Name Opferstein sei berechtigt. Die Findlinge mit Schälchen wurden als solche genutzt. Bei ihnen wurden Opfergaben dargebracht, um sich vor drohendem Unheil zu bewahren – so die Wissenschaft.

Granit mit den hier zu beobachtenden Eigenschaften gibt es in der Region Uppland in Schweden. Er wird als Hedesunda-Granit bezeichnet und stammt aus der Gegend nördlich von Uppsala. Der Opferstein von Quoltitz ist in Deutschland eines der wenigen bekannten Großgeschiebe mit dieser Herkunft.

Und noch eine Besonderheit zeichnet den Stein aus: Er wurde 1806 von Caspar David Friedrich gezeichnet.

Um zum Opferstein zu gelangen, fährt man z. B. von Sagard kommend nach Neddesitz und biegt an der Jasmund-Therme links nach Quoltitz/Nardevitz ab. Auf dieser Strecke ist dann am Wasserwerk der Weg zum Opferstein ausgeschildert. Man läuft von hier circa 800 Meter in den Wald hinein.

Quoltitz ist der Name einer Wüstung im Gemeindegebiet von Sagard am westlichen Rand des Nationalparks Jasmund, nahe bei Gummanz und Neddesitz sowie dem bereits genannten Nardevitz. 1318 erfolgte die Ersterwähnung. Quoltitz war ein kleines Bauerndorf. In den 1950er Jahren wurde das dortige Gut im Zusammenhang mit der Schließung der Quoltitzer Kreidebrüche aufgegeben. Der aufgelassene Kreidebruch – 42 Hektar groß – wurde 1986 zum Naturschutzgebiet erklärt und ist seit 1990 Bestandteil des Nationalparks Jasmund. Die Wüstung ist noch gut erkennbar.

Quoltitzer Kreidebrüche im Nationalpark Jasmund

Weitere Sehenswürdigkeiten der Gemeinde Sagard sind die Back-steinkirche St. Michael in Sagard (13. Jahrhundert), die Dobber-worth am Südrand von Sagard, eines der größten Hügelgräber Nord-deutschlands – 15 Meter hoch und von Sagen umgeben –, die bereits genannten aufgelassenen Kreidebrüche von Quoltitz und nahebei das Kreidemuseum Gummanz, wohl das Einzige seiner Art Europas.

Nach Sagard führt die E 251. Die Gemeinde verfügt über einen Hal-tepunkt an der Bahnstrecke Stralsund–Sassnitz. Sagard und Umge-bung sind in das Rad- und Wanderwegenetz von Rügen eingebunden.

Wilde Jäger, Hunde, Steine, Hude-Eiche

Rattey

31 »Unter den alten Eichen im Park von Rattey hatte zwischen Mitternacht und dem ersten Hahnenschrei der Wilde Jäger ab und an seine Hunde abgelegt. Sie sollten sich wohl etwas abkühlen. Einmal hat der Wilde Jäger die Hunde zu spät gerufen. Da hatte der Hahn bereits gekräht. Da sind die Hunde zu Stein geworden. Die Steine liegen noch immer bei den Eichen im Park.« So ein Jäger aus Schönbeck in Neubrandenburg um 1978.

Im Baumregister werden die Eichen als Gruppe unter der Nr. 2252 geführt und als Naturdenkmal geschützt. Daneben wachsen weitere Starkbäume wie zum Beispiel imposante Linden. Im 20 Hektar großen Gutspark stehen acht Eichen mit einem Umfang von mehr als sechs Metern, in der angrenzenden Feldmark mit Waldanteil bis zu 25 weitere Starkeichen. Die Hude-Eiche, eine Stieleiche und der Primus, im schlossnahen Bereich weist einen Stammumfang von 8,10 Metern auf. Damit liegt sie unter den 86 dicksten Eichen Deutschlands auf Platz 72. Ihr Alter wird mit 500 Jahren angegeben.

Als die Hude-Eiche heranwuchs, zeigten sich auch in beiden Mecklenburg und in Pommern die ersten Anzeichen der Reformation, predigte Joachim Slüters in Rostock, erarbeitete Johannes Bugenhagen für Pommern eine evangelische Kirchenordnung.

Wie der Name es bereits annehmen lässt, die Hude-Eiche und ihre Schwestern sind alte Hude-Bäume, lieferten Eicheln für die Herbstmast von Hausschweinen, erfuhren sicher auch regelmäßige Besuche von deren wilden Artgenossen, zumindest in guten Mastjahren, wenn die Eichbäume viele Eicheln trugen. Überlebt haben die Eichen von Rattey, weil sie als »Mastbäume« schon frühzeitig unter Schutz

Primus im Schlosspark – Ratteyer Gutseiche

Acht Meter Umfang oder mehr?

gestellt wurden. Dabei kam es durch die Weidetiere, welche hier auch Schatten suchten und fanden, sicherlich zu einigen Belastungen der Bäume, aber man vertrug sich, und die Einbeziehung in den nach englischem Vorbild gestalteten Park war für diese Eichen eine weitere Überlebenshilfe. Mittlerweile sind sie eingefriedet, dienen nicht mehr als Scheuerbäume für die nun hier gehaltenen Pferde. So wird auch der Wurzelbereich weder festgetreten noch überdüngt.

Rattey gehört zur Gemeinde Schönbeck, liegt im Landkreis Mecklenburgische Seenplatte und wurde 1298 als Ratey urkundlich erwähnt. Altpolabisch steht Ratey für Landmann, Ackerbauer, sehr zutreffend![33]

Die Dorfkirche von Rattey, ein rechteckiger Feldsteinbau mit Westturm in Schiffsbreite, steht unter stattlichen Bäumen und wird in die 2. Hälfte des 13. Jahrhunderts datiert. Sie erfuhr einige bauliche Veränderungen und weist einen qualitätsvollen Schnitzaltar vom Anfang des 16. Jahrhunderts auf. Die Kanzel wird auf das Jahr 1517 datiert.

Turm der Dorfkirche von Rattey

Das klassizistische Herrenhaus wurde zwischen 1802 und 1806 als zweigeschossiger reckteckiger Putzbau von elf Achsen mit Krüppelwalmdach und dreiachsigem übergiebeltem Mittelrisalit errichtet. Den Park legte man im selben Zeitraum wie das Herrenhaus und unter Einbeziehung der Hude-Eichen an.

Auf 3,5 Hektar in Schlossnähe liegt einer der nördlichsten Weinberge Deutschlands. Bereits anerkannte Weine werden hier erzeugt und getrunken. Die gutseigene Kellerei verlassen jährlich rund 10 000 Flaschen. Müller-Thurgau, Riesling und Regent vom Gut Rattey haben einen guten Ruf im Lande.

Die Gutseichen und das Park Hotel Schloss Rattey sind über die A 20, Abfahrt Friedland, gut erreichbar. Auf der A 20 verweist ein Schild auf die Eichen von Rattey, die zwar etwas im Schatten der noch bekannteren von Ivenack wachsen, diese aber hinsichtlich der Anzahl übertreffen.

Kirchlinde

Die Dickste im Lande

Reinberg

32 Die Reinberger Linde gilt nicht nur als die dickste und älteste Linde im Lande. Sie ist zweifellos der berühmteste und wohl auch am meisten abgebildete und beschriebene Baum Vorpommerns. Im 19. Jahrhundert galt die Kirchhofslinde von Reinberg als der größte (dickste) Baum Deutschlands.

Die Kirchhofslinde von Reinberg ist als Naturdenkmal ausgewiesen. Ihr Alter wird mit 800, ja 1000 Jahren angegeben. Der Umfang beträgt etwa 10,80 Meter. Die Linde hat allerdings keinen geschlossenen Stamm, kann aber auf ein Baumleben verweisen, wie es nur wenigen Bäumen zugemessen wird. Prominente Frauen und Männer haben sie bewundert, einfache Landleute sind ihr regelmäßig beim Kirchgang oder bei Friedhofsbesuchen begegnet, Pfarrer fanden ab 1782 ihre letzte Ruhestätte unter der Linde in unmittelbarer Nähe ihrer oft langjährigen Wirkungsstätte. Die Fahrpost hatte hier einen Rastplatz, und wer auf die Insel Rügen musste, der kam auf dem Weg zur Fähre von Stahlbrode meist auch an der Linde vorbei.

Als die Reinberger Linde heranwuchs, konnte sich das Herzogtum Pommern (um 1220) trotz einiger Gebietsverluste erfolgreich der Einverleibung in die Markgrafschaft Brandenburg widersetzen.

Unter der Linde an der Kirche zu Reinberg liegt ein großer Stein, auch Sühnestein genannt, der noch heute an eine weniger rühmliche Geschichte im Land erinnert.

Um die Mitte des 15. Jahrhunderts war Otto Fuge Bürgermeister zu Stralsund, ein herrischer und gewaltbereiter Mann. Die Stadt hatte sich gerade mit Herzog Wartislaw IX. versöhnt, als Otto Fuge wiederum den alten Streit belebte und des Herzogs Gesandte – den Landvogt von Rügen, Raven Barnekow und dessen Secretarius und Notar – 1453 rädern ließ. Das Regiment des Bürgermeisters wurde für die

Dickste und Älteste im Lande – die Reinberger Linde

Stralsunder schließlich immer unerträglicher, und so vertrieben sie ihn eines Tages mit seinem Anhang aus der Stadt und versöhnten sich wieder mit dem Herzog. Die sterblichen Überreste von Raven Barnekow wurden vom Rad genommen und in der Nikolaikirche zu Greifswald beigesetzt. So weit sind sich die Historiker einig. Der Sage nach hätten die Stralsunder auf Betreiben der Söhne von Raven Barnekow hin den Sarg mit dem Leichnam des Landvogtes von Stralsund nach Greifswald tragen müssen und durften ihn unterwegs nur einmal absetzen, auf der Hälfte des Weges, in Reinberg. 600 Stralsunder hätten den Sarg umschichtig getragen und in Neuenkirchen vor Greifswald feierlich an neue Träger übergeben. Dabei hätten die Stralsunder ihn mit blanken Dukaten bedecken müssen. Zum Andenken seien zwei Sühnesteine aufgerichtet worden – in Reinberg unter der Linde an der Chaussee und in Neuenkirchen ebenfalls am Wege. Linde und Kirche waren somit Zeuge beim Abschluss des Verfahrens.

Die Dorfkirche in Reinberg ist eine dreischiffige, zweijochige Backsteinhalle mit einjochigem eingezogenem Feldsteinchor. Sie hat einen quadratischen Backsteinwestturm in Mittelschiffsbreite. Das Langhaus stammt aus der ersten Hälfte des 14. Jahrhunderts, der Turm wurde im 14./15. Jahrhundert der Westwand vorgelagert, die Sakristei im 15. Jahrhundert an der Chorwand angebaut. Während der Restaurierungsarbeiten von 1973–1989 entdeckte man eine mittelalterliche Ausmalung und legte sie frei. Sie zeigt den Weltenrichter, dem Schwert und Lilie als Symbole für Strafe und Gnade aus dem Munde wachsen. Auf der Schulter trägt er den gekreuzigten Christus.

Die Kirche mit der uralten Reinberger Linde und dem spätmittelalterlichen Sühnestein bildet mit der Pfarrscheune, dem Landpfarrhof und dem Pfarrhaus ein eindrucksvolles Ensemble, das den Dorfkern prägt.

Reinberg ist ein Ortsteil der Gemeinde Sundhagen, Landkreis Vorpommern-Rügen, wurde 1325 erstmals urkundlich erwähnt und liegt direkt an der B 105.

Findling Schusterstein

Ein Plätzchen für den Teufel

Rosemarsow

33 Etwas versteckt am Ufer des Marienbaches liegt der Findling Rosemarsow, der auch Schusterstein oder Teufelsstein genannt wird.

Im benachbarten Rosemarsow erzählt man sich noch heutigentags: »Um Mitternacht sitzt der Teufel auf dem Stein und flickt die Schuhe seiner Großmutter. Nicht nur die Kinder machten deshalb immer einen großen Bogen, wenn sie auf ihrem Weg nach Mühlenhagen am Stein vorbeimussten. Noch heute spukt es in der Gegend um den Stein!«

Der Schusterstein befindet sich etwa einen Kilometer östlich von Rosemarsow und circa 600 Meter westlich der Landesstraße 35 (alte B 96) im Tal des Marienbaches. Er liegt am Südrand des

Schuhbank des Teufels

Landschaftsschutzgebietes Goldbachtal. Der Schusterstein ist ein Naturdenkmal und wird als Geotop unter der Nummer G2 036 geführt. Er ist Teil des Geoparks Mecklenburgische Eiszeitlandschaft und wird als geologisches Einzelobjekt entlang der Eiszeitroute unter A 8 genannt. Der etwa 45 Kubikmeter große und 120 Tonnen schwere Block besteht aus dunkelgrauem Gneis. Er hat einen Umfang von 14 Metern, eine Höhe von 3,8 Metern und ist vier Meter breit. Der Findling liegt zu etwa einem Drittel seiner Höhe im Boden bzw. im Bett des Marienbaches und ist von Flechten bedeckt.

Rosemarsow ist ein Dorf im Landkreis Mecklenburgische Seenplatte und ein Ortsteil von Altentreptow. Urkundlich wurde es erstmals 1245 erwähnt und mit ihm auch der »Goldbaken«, der heutige Goldbach. Gold aber fand man nach heutigem Kenntnisstand bisher nicht, auch Schürfrechte wurden nicht vergeben.

Namhaftester Einwohner des Dorfes war Hans Zille, Sohn des berühmten Malers, Grafikers und Fotografen Heinrich Zille. Ein älterer Bauer berichtete in den 1970er Jahren noch stolz in heimischem Platt: »Min Vadder hätt Zillen Modell säten!« Heinrich Zille war vor dem Ersten Weltkrieg über einige Wochen in Rosemarsow bei seinem dort als Dorfschullehrer tätigen Sohn Hans gewesen. Dabei waren Zilles kundigem Blick die gemütlich-knorrigen Bauern des Dorfes und der Gegend nicht entgangen, so auch nicht »Vadding« Liermann aus Rosemarsow, der Vater des besagten Bauern.

Im Krieg schuf Heinrich Zille, nicht etwa aus Kriegsbegeisterung, die sehr menschlichen Landsturmmänner Vadding un Korl, wovon etwa 200 Folgen in der Zeitschrift »Ulk« erschienen. Korl trägt Zilles Züge, Vadding die von Vadding Liermann.

Findling Schnatermannstein

Der gesicherte Koloss

Rostock

34 Im östlichen Teil des Breitlings, wie in Rostock die Warnow-Mündung genannt wird, liegt ein nicht nur bei Niedrigwasser erkennbarer Findling, etwa 750 Meter von der Gaststätte Schnatermann entfernt. Dieser markanteste Findling im Breitling wurde aus geologischen und landeskundlichen Gründen durch die Stadtverordnung der Hansestadt Rostock zum Naturdenkmal erklärt und unter Schutz gestellt. Im Jahr 2011 musste der Schnatermannstein angehoben werden, weil er zu versanden, eher zu verschlammen drohte, und 2013 wurde er durch Feldsteine an seinem »Liegeplatz« gesichert.

Der Sage nach soll hier in einem Winter ein Schiff gesunken sein. Der einzige Überlebende rettete sich auf den riesigen Findling und konnte vor Eiseskälte nur noch »snatern«, als ihn Einheimische fanden.

An der Anlegestelle des Schaufelraddampfers »Schnatermann« steht eine von dem Rostocker Holzbildhauer Harald Wroost geschaffene Arbeit zum Thema. Auf einem Findling sitzt »snaternd« – klamm, frierend, schlotternd – die Figur des Schnatermanns.

Der Name Schnatermann leitet sich allerdings nicht von einem klammen Schiffbrüchigen ab. In der Rostocker Heide gibt es wohl kaum ein Haus mit einer älteren und wechselvolleren Geschichte als die ehemalige Revierförsterei am Schnatermann. Im Jahr 1252 kaufte die Hansestadt Rostock vom Fürsten Borwin die heutige Rostocker Heide. Um die abgefahrenen Holzmengen zu kontrollieren, versah man alle Zufahrten mit Schlagbäumen. Das war nur sinnvoll, wenn diese von den »Boomwächtern« bewacht wurden, welche in »Boomhusern« lebten. Die Waldkante hier am Schnatermann war die Grenze zu den Ländereien des Fürsten Borwin. Schnat steht im Mittelhochdeutschen für junges, abgeschnittenes Reis, Durchhau,

Grenze, Spur eines Schnittes. »Grenze im Forst« wäre eine zutreffende Benennung.

1887 wurde das »Boomhus« zur Revierförsterei umgebaut, ein Obergeschoss aufgesetzt, und der Dachstuhl bekam seine heutige Form. Der Förster erhielt zur Aufbesserung seiner Einkünfte die »Kruggerechtigkeit«, er durfte also Alkohol ausschenken. Später gefiel dem zuständigen Oberförster die Nähe seines Revierförsters zu der gern besuchten Gaststätte weniger. In der Folge wurde der Schnatermann auch ein Forstfuhrmannshof, hatte als Gaststätte wechselvolle Zeiten zu überstehen und befindet sich nun als von Rostockern und seinen Gästen geschätzte Ausflugsgaststätte in Privathand, kurz bevor die Abrissbirne über dem Althaus schwebte.

Vom Schnatermann kann man den einmaligen Blick auf die Warnowmündung genießen, die in Rostock Breitling genannt wird. Bei Niedrigwasser ist auch der Schnatermannstein zu sehen.

Rostock, die einzige Großstadt Mecklenburg-Vorpommerns und seine größte Hafenstadt, wurde 1160 erstmals urkundlich erwähnt. Der Ortsname ist aus dem Altpolabischen abzuleiten: »Roztok, Ort, wo Wasser auseinanderfließt«. Rostock liegt an der Stelle, wo die Warnow in die circa 600 Meter breite Unterwarnow mündet, mit direktem Zugang zur nur zwölf Kilometer entfernten Ostsee.[34]

Die Sehenswürdigkeiten der alten Hansestadt Rostock sind wahrlich zahlreich. Als »Pflichtprogramm« seien ein Gang in die Marienkirche, ein Bummel über die Kröpeliner Straße, der Besuch des Zoos und des Alten Hafens sowie eine S-Bahn-Fahrt nach Warnemünde genannt. Von hier gelangt man auch zum Schnatermann.

Findling Buskam

Kultstätte im Meer

Rügen (Göhren)

35 Der in der Ostsee liegende Buskam, auch als Buskamen oder Buhskam bezeichnet, gilt als der größte bekannte Findling Norddeutschlands. Er liegt etwa 350 Meter vom Strand entfernt an der Südostküste Rügens, vor dem Ostseebad Göhren auf der Halbinsel Mönchgut. Der Buskam ist von weiteren kleineren Findlingen umgeben. Sein Volumen wird mit 600 Kubikmetern bei einer Masse von 1600 Tonnen und einem Umfang von 40 Metern ausgewiesen. Diese Maße werden nach neueren Vermessungen allerdings angezweifelt. Der Buskam ragt etwa zu einem Drittel aus dem Wasser der Ostsee und je nach Wasserstand bis zu 1,50 Meter über den Meeresspiegel hinaus. Er besteht aus Hammergranit, der auf Bornholm vorkommt.

Der Stein wurde schon in der Bronzezeit als Kultstätte genutzt, davon zeugen kleine Aushöhlungen auf der Oberseite. Er stellt einen sogenannten Näpfchen- oder Schälchenstein dar. Auf Rügen werden

Größter Findling im Norden – Buskam

diese Schälchen – wie schon genannt – auch als Blutgrapen bezeichnet. In christlicher Zeit soll ein Kreuz aus Metall auf dem Buskam befestigt gewesen sein. Der Findling befand sich während der Jungsteinzeit noch auf dem Festland. Erst durch den Küstenrückgang während der Littorina-Transgression wurde seine Umgebung geflutet.

Über die Bedeutung des Namens ist sich die Wissenschaft nicht ganz einig. Der Name Buskam könnte nach dem Altpolabischen »bogis kamien« Gottesstein bedeuten. Nach christlichem Verständnis steht die Silbe bus für büßen. Zutreffend wäre aber auch eine Erklärung aus dem Mittelniederdeutschen. Buhsen steht hier für schwellen, rauschen. Damit wäre die Lage des Steines vor der Küste trefflich beschrieben.

Heute ist das Anschwimmen des Buskam aufgrund von unberechenbaren Wasserstrudeln untersagt, auch wenn es sich für viele Rüganer gehört, einmal zum Buskam zu schwimmen.

Der Buskam gilt als einer der Adebarsteine Rügens. Der Storch holt die Kinder aus der Ostsee und legt sie auf dem Findling zum Trocknen nieder. Frisch aus dem Meer, abgenabelt, sauber gewaschen und ordentlich abgetrocknet werden die Babys den Müttern direkt ins Haus gebracht. Während der Abwesenheit der Störche übernehmen auf Rügen die zahlreichen Höcker- und Singschwäne Adebars Aufgabe. Daher wurden auf Rügen die Neugeborenen auch als Schwanenkinder bezeichnet. Adebars Name steht im Althochdeutschen für Glücksbringer (Odeboro). Kinder galten zu allen Zeiten als Glück ihrer Eltern.

Nach der Überlieferung soll in Göhren bzw. auf der gesamten Halbinsel Mönchgut auch der Brauch bestanden haben, dass Hochzeitsgesellschaften mit Booten zum Buskam fuhren und dort einen Reigentanz vollführten. Diese Geschichte wird wegen der besonderen Wind- und Wasserverhältnisse vor Göhren und der den Buskam umgebenden Steine allerdings angezweifelt.

Vielmehr sollen sich an Johanni die Seejungfrauen zum Tanz am Stein treffen. Dabei hocken sie sich an den Rand des Findlings und schauen mit ihrem Oberkörper aus dem Wasser. Sehen können diese Seejungfrauen nur die an Johanni zur Mittagsstunde Geborenen. Die allerdings müssen aufpassen, dass sie ihnen nicht verfallen und mit in die Tiefe gezogen werden. Zur Walpurgisnacht, der ersten Nacht im Mai, ist der große Stein Treffpunkt der Hexen. So auf Rügen gern erzählt.

Die Halbinsel Mönchgut hat viele weitere Sehenswürdigkeiten zu bieten, wie das Mönchguter Heimatmuseum und den Museumshof in Göhren, dat Rookhus (Rauchhaus), wo am Südstrand das Museumsschiff »Luise« liegt, ein erhaltenes Pfarrwitwenhaus in Groß Zicker, den Lotsenturm nebst Lotsenwache im Ostseebad Thiessow oder das Mönchguter Küstenfischermuseum in Baabe. Unverwechselbar und beeindruckend zu jeder Jahreszeit zieht die Mönchguter Landschaft jeden Besucher in ihren Bann, bringt der Wechsel von See, Küste, Hügel und Weite unvergessliche Bilder hervor, locken Naturstränd wie auch gepflegte Promenaden.

Auf dem Speckbusch oberhalb von Göhren, gleich neben einem bronzezeitlichen Hügelgrab, steht die Göhrener Kirche, 1930 eingeweiht, der jüngste Kirchenbau auf dem Mönchgut.

Göhren wurde um 1200 als gorum benannt und dürfte seinen Namen aus dem Slawischen haben: Gora = Berg, somit »Siedlung auf dem Berg« bedeuten. Eine sehr zutreffende Benennung.

Nach Göhren geht es über die B 196 oder mit der gemütlichen Bäderbahn, dem Rasenden Roland.

Herthasee

Die verlockende Schönheit

Rügen (Jasmund)

36 Um den Herthasee, die Herthaburg, den Fußstapfenstein und den Opferstein ranken sich mehrere Sagen und Geschichten.

Der Herthasee befindet sich im Nordosten Rügens, auf der Halbinsel Jasmund. Der See im gleichnamigen Nationalpark ist etwa 170 Meter lang, 140 Meter breit, bis elf Meter tief und hat einen ebenfalls sagenumwobenen Namensvetter im Hohen Holz bei Teterow.

Am nordöstlichen Ufer des Herthasees befindet sich die Herthaburg, eine bis zu 17 Meter hohe Wallanlage aus der Zeit der slawischen Besiedlung vom 8. bis 12. Jahrhundert.

Die Sage von der Göttin Hertha wird heutzutage als eine Erfindung des 17. Jahrhunderts angesehen, aufgewertet im 19. Jahrhundert durch einfallsreiche Leute zur Unterhaltung von Gästen. Die Besucher dieses wunderschönen Fleckchens Erde sollten es als das erleben

Wasser, Wald und Himmel – der Herthasee

können, was es war und ist, nämlich ein slawischer Burgwall an einem kleinen See, der etwa 500 Jahre n. Chr. durch einen Karsteinsturz entstanden ist.[35]

Doch noch immer erzählen sich Einheimische wie Besucher die Hertha-Sage: »Man sieht oft, besonders im hellen Mondscheine, aus dem nahen Walde, da wo die Herthaburg liegt, eine schöne Frau hervorkommen, die sich nach dem See hinbegibt, um sich darin zu baden. Sie ist von vielen Dienerinnen umgeben, die sie zu dem Wasser hinbegleiten. In diesem verschwinden sie alle, und man hört nur das Plätschern darin. Nach einer Weile kommen sie sämtlich wieder heraus, und man sieht sie in großen, weißen Schleiern zu dem Walde zurückkehren. Für den Wanderer, der dieß sieht, ist alles sehr gefährlich, denn es zieht ihn mit Gewalt nach dem See, in dem die weiße Frau badet, und wenn er einmal das Wasser berührt hat, so ist es um ihn geschehen, das Wasser verschlingt ihn. Man sagt, daß die Frau alle Jahre einen Menschen in die Fluth verlocken müsse.«[36]

Ganz in der Nähe des Herthasees – auf dem Wanderweg zum Königsstuhl – liegt der Fußstapfenstein. Auf ihm sind Abdrücke zu

Es lockt der See ...

Kleinod im Naturpark Jasmund

sehen, die als Fußabdrücke eines Erwachsenen, eines Kindes und eines Hasen gedeutet werden. Die Sagen dazu sind widersprüchlich. Nach der einen soll eine Jungfrau mit dem Teufel im Bunde gestanden haben. Bei der Reinheitsprobe erschien ihr ein Kind als Engel und ging mit der Jungfrau über den Stein. Der dritte Abdruck auf dem Stein war der Teufel in Gestalt eines Hasen.

Der in der Nähe befindliche Opferstein ist vermutlich im 19. Jahrhundert extra für Touristen an diese Stelle gebracht worden. Die gern zitierte Blutschale und die rinnenartige Aushöhlung werden immer wieder aufs Neue rot angestrichen. Die vor dem Stein liegende »Blutschale« sollte angeblich zum Auffangen des Blutes dienen. Jedoch wurde sie wie der Stein extra an diesen Ort gebracht und ist lediglich ein Mahlsteintrog.

Der Herthasee liegt inmitten der Buchenwälder der Stubnitz. Hier kreuzen sich die Wanderwege von Hagen, Lohme und dem Königsstuhl.

An seinem südlichen Ufer zweigt vom Wanderweg ein Steg in den See ab. Leicht gelangt man zum Herthasee, indem man dem Wanderweg vom Großparkplatz Hagen in Richtung Königsstuhl folgt.

Kreidefelsen

Thron für einen König

Rügen (Jasmund)

③⑦ Der Königsstuhl ist der berühmteste Kreidefelsvorsprung der Stubbenkammer. Er liegt 118 Meter über NN. und dürfte das bekannteste und wohl meistfotografierte Reiseziel auf Rügen sein. Die Kreideküste selbst ist der größte natürliche Aufschluss im Norden Deutschlands, der neben Kreide auch aus Sand, Mergel, Lehm und Findlingen besteht. Durch den Abbau der Kreide drohte zu Beginn des 20. Jahrhunderts die Zerstörung der Steilufer. Zum Schutz wurde 1990 der Nationalpark Jasmund gegründet, von dem ein Großteil bereits 1929 sowie 1935 unter Aufsicht gestellt worden war. Er ist der kleinste Nationalpark in Deutschland, dessen Buchenwaldbestand seit 2011 zum UNESCO-Weltnaturerbe zählt. Die Kreidefelsen im

Juwel Rügens – Königsstuhl

Fels, Wald und Meer

Schutzgebiet sorgen in den letzten Jahren vor allem durch Uferabbrüche für Aufsehen, darunter die Wissower Klinken. Die höchste Kreidefelspartie Rügens, die Große Stubbenkammer, wird vom Königsstuhl gekrönt.

»Der Name ist daher entstanden, daß hier in alten Zeiten den Königen der Insel gehuldigt ist. Sie haben dabei auf einem hohen, künstlich von Erde erbauten Stuhl gesessen. Man sagt, die Rügianer hätten damals ihre Könige selbst gewählt, sie hätten aber nur den Kühnsten genommen, und zum Beweise der Tapferkeit verlangt, daß der König von der Uferseite her den Stuhl besteigen müsse. Das ist aber ein großes und schweres Stück Arbeit; denn der Kreidefels, auf dem sich der Königsstuhl befindet, ist nach der See hin mehrere hundert Fuß hoch und ganz jäh und schroff. Es geht noch eine alte Sage unter dem Volke, daß künftig Einer, der von der Seeseite her den Königsstuhl ersteige, Herr des Landes werden solle. In neueren Zeiten haben mehrere kühne Männer das Wagnis versucht, aber keinem hat es gelingen wollen. Am weitesten ist der Schiffer Paulsen von Bergen gekommen; allein ganz hat er nicht hinaufgelangen können. Nur von dem Könige Carl dem Zwölften von Schweden sagen einige Leute, daß es ihm geglückt sey, und daß er darauf oben auf der Spitze ganz ruhig sein Frühstück verzehrt habe.«[37]

Nach anderer, mehrfach geäußerter Ansicht wird der Name Königsstuhl auf ein Ereignis im Jahr 1715 zurückgeführt, bei dem König Karl XII. von Schweden am 5. August an diesem Ort ein Seegefecht gegen die Dänen geleitet haben soll. Die Strapazen sollen ihn derart erschöpft haben, dass der Monarch nach einem Stuhl verlangte. Am Ende verlor er das Tage andauernde Seegefecht. Allerdings, und dies könnte ein Hinweis für eine frühere Namensgebung sein, schrieb bereits 1584 ein gewisser Pfarrherr Rhenan in einem seiner Reiseberichte vom »Konigsstuel«.

Neben dem berühmt-berüchtigten Seeräuber Störtebecker gelangte die schwarze Frau auf dem Königsstuhl zu trauriger Berühmtheit: »In Rügen hat einst eine Fürstin gelebt, die viele Schätze hatte. Sie

Traumhaftes Rügen

fürchtete, daß ihr diese geraubt werden mochten, und sie ließ sie daher in dem Kreidefelsen der Stubbenkammer vergraben. Die Gräber aber ließ sie darauf hinrichten, damit sie nicht verrathen sollten, wo die Schätze lägen. Dafür muß sie nun noch immer bei denselben in dem Berge Wache halten. Alle Jahre am Johannistage kommt sie aus dem Innern des Felsens hervor, und setzt sich oben auf den Königsstuhl. Dort wartet sie den ganzen Tag, ob keiner kommen will, die Schätze zu heben und sie zu erlösen. Auf welche Weise dies geschehen kann, weiß man nicht.«[38]

Über einen etwa elf Kilometer langen Hochuferweg, der von Sassnitz bis nach Lohme führt, oder vom drei Kilometer entfernten Großparkplatz in Hagen (Ortsteil von Lohme) erreicht man das Nationalpark-Zentrum Königsstuhl, in dessen Gelände der Königsstuhl seit 2004 einbezogen ist. Der Eintritt in das Nationalparkzentrum und damit der Zugang zum Königsstuhl sind seitdem kostenpflichtig.

Feuersteinfelder

Ein steinreiches Land

Rügen (Mukran)

38 »Zwischen Mukran und Prora liegen die Feuersteinfelder, das steinerne Meer. Das waren die Schatzkammern der Riesen, der Hünen, welche vor langer Zeit auf Rügen lebten. Diese packten sich schöne Feuersteinknollen in ihre großen Kiepen und zogen damit nach Süden, wo die Leute keine Feuersteine hatten. Dafür tauschten die Riesen süßen Wein ein. Sie waren echte Leckermäuler und begabte Pichler, die Hünen. Nachher brauchten die Leute im Süden die Feuersteine wohl nicht mehr, und die Hünen zogen fort von Rügen!« So ein Fischer in Breege.

Die Feuersteinfelder sind Geröllfelder aus Feuerstein und seit 1935 als Flächennaturdenkmal geschützt. Sie befinden sich im nördlichen

Weg zum Hünengeld

Die große Schatzkammer

Teil der Schmalen Heide bei Mukran, nehmen eine Fläche von etwa 40 Hektar ein und sind umgelagerte Verwitterungsrückstände feuersteinführender Kalksteine aus der Jura- und Kreidezeit. Die Wissenschaft ist der Meinung, dass diese Steine im Laufe der Zeit aus dem Kreide-Kliff der Halbinsel Jasmund herausgewittert sind und sich zunächst am Fuße des Kliffs angesammelt hatten. Eine Serie von Sturmfluten vor 3500 – 4000 Jahren habe die Feuersteine dann hier in Wällen von zwei bis vier Meter Mächtigkeit abgelagert.

1840 wurde die Schmale Heide mit Kiefern bepflanzt, welche die Feuersteinfelder heute eng umschließen. Nach der Unterschutzstellung von 1935 konnten sich hier viele, andernorts selten gewordene Pflanzen halten, Streifenfarn, Stechpalmen und Wacholder. Die 14 offenliegenden und circa 25 Meter breiten Feuersteinwälle drohten zuzuwachsen. Daher wurden aufkommender Jungwuchs und dichte Heide entfernt. Fleißige Hände, nicht zuletzt vom NABU Rügen, erhalten diese im Lande Mecklenburg-Vorpommern einmalige geologische und botanische Kostbarkeit. Die leicht welligen Geröllwälle

Kleingeld der Hünen

der Feuersteinfelder bestehen zu 90 Prozent aus Feuerstein, in Norddeutschland auch als Flint bezeichnet, und nur zu zehn Prozent aus kristallinen Gesteinen. Heute sind die Feuersteinfelder durch einen Wirtschaftsweg zweigeteilt. Der südliche Teil ist weitgehend zugewuchert. Sehenswert dagegen die offenen nördlichen, immer noch imposanten Feuersteinfelder.

Mukran wurde 1318 als Mocran erstmals erwähnt. Der Ortsname bedeutet im Altpolabischen »mokr« = feucht, nass. Die ersten slawischen Einwohner siedelten somit auf feuchtem Grund.

Die Anreise nach Mukran kann über die E 251 bzw. von Süden über Prora erfolgen. Die Feuersteinfelder liegen südlich von Neu Mukran am Kleinen Jasmunder Bodden. Anreise mit Bus und Bahn sowie anschließender Fußwanderung ist möglich und empfehlenswert, ebenso mit dem Fahrrad über den Radweg Sassnitz–Mukran–Prora–Binz.

Königsstuhl – Adebars Schatzkammer

Rügen (Jasmund)

39 Der Schwanenstein gehört nach der Überlieferung auch zu Rügens Adebarsteinen. Auf Rügen werden die Babys vom Adebar oder vom Schwan gebracht. Es versteht sich von selbst, dass es im Sommer der Adebar und im Winter der Schwan ist, der die Babys bringt, und bis dahin sind die Kinder im Stein verborgen. Im Wappen von Lohme findet sich der Schwanenstein stilisiert wieder.

Bei dem dachförmigen Schwanenstein handelt es sich um den vielleicht schönsten Findling der Insel Rügen. Er liegt etwa 100 Meter östlich vom Seglerhafen in Lohme in der Ostsee und steht als Geotop G2 73 unter Schutz. Sein Umfang beträgt 20 Meter und sein angenommenes Volumen 54 Kubikmeter. Man vermutet, dass er um 1400 Millionen Jahre alt ist. Das Gestein ist als von Bornholm kommender Hammergranit anzusehen – so die Wissenschaft. Der Schwanenstein weist eine Masse von etwa 160 Tonnen auf und gilt als der fünftgrößte Findling Rügens.

Mit diesem Geschiebeblock ist eine wahre, tragische Geschichte verbunden. Am 13. Februar 1956, die See war am Zufrieren, waren einige Jungen aus dem Kinderheim und dem Dorf Lohme auf dem Eis. Wie so oft an der Küste, wechselten auch an diesem Tag schnell die Wetterverhältnisse. Aufkommender Sturm ließ das Eis brechen, und die drei Jungen konnten sich auf den Schwanenstein retten. Der Sturm wurde zum Orkan, eine fieberhafte Rettungsaktion begann. Fischer, Grenzsoldaten, ein Kutter des Fischkombinates Sassnitz und sogar ein Hubschrauber aus Berlin sollten zum Einsatz kommen. Aber alle diese Rettungsversuche wurden durch die heranstürzende See und den Sturm zunichtegemacht. Rettungstruppen von

Schönster von Rügen

außerhalb, in Prora lief ein mit Panzern bestückter Pionierzug aus, blieben in den Meterhohen Schneewehen stecken. Das Drama nahm ein tragisches Ende. Am Morgen des 14. Februar 1956, die See war spiegelblank, es war windstill und die Sonne schien, wurden die drei Jungen: Helmut Petersen, Uwe Wassilowsky und Manfred Prewitz vom Schwanenstein als Eisblock geborgen. So zu lesen auf einer Erinnerungstafel vor Ort.

Findling Siebenschneiderstein

Ein alter Schwede

Rügen (Gellort, Arkona)

40 Nach dem Namen hätten auf dem viertgrößten Findling Rügens sieben Schneider Platz; es passen aber mehr Personen auf ihn, sogar im Schneidersitz. Wie der Findling vor Arkona zu diesem Namen kam, konnte nicht ergründet werden. Sicher ist, er markiert den nördlichsten Punkt Rügens und damit auch von Mecklenburg-Vorpommern.

Er ist als Geotop G2 68 erfasst und geschützt. Er wiegt 165 Tonnen, und sein Volumen wird mit circa 61 Kubikmetern angegeben, wobei nur ein kleiner Teil über dem Wasser sichtbar ist. Beim Stein handelt es sich um einen Karlshamm-Granit aus Blekinge. Sein Alter liegt bei 1400 Millionen Jahren, noch ein »alter Schwede« auf Rügen, wie auch der »Uskam«, welcher ebenfalls aus Blekinge nach Rügen gelangte.

Weg zum Siebenschneiderstein

Arkona wurde Ende des 12. Jahrhunderts als Archon, dem Hauptort der Rugianer, von Helmold von Bosau genannt. Dänische Quellen des 12. und 13. Jahrhunderts bezeichnen diesen Ort als Arcon, Arkon, Archon, Arkun, Arcun usw. Hanswilhelm Haefs (2003) übersetzt diesen Namen als »Siedlung beim Sitz der Obrigkeit«.[39]

Der Sage nach soll die einst reiche See- und Handelsstadt Arkona bei einer großen Sturmflut versunken sein. Sie ruht auf dem Meeresgrunde und wartet auf ihre Erlösung. Bei gutem Wetter soll man sie alle sieben Jahre vom Steilufer aus sehen können.

Arkona gehört zur Gemeinde Putgarten im Landkreis Vorpommern-Rügen. Selbstredend ist Putgarten auch die nördlichste Gemeinde Mecklenburg-Vorpommerns. Die höchsten Anhöhen befinden sich bei Kap Arkona, etwas mehr als 40 Meter über NN. Putgarten wurde 1335 als Pudgarde (altpolabisch: »pod« = unter und »gard« = Burg, Festung) erwähnt, »Siedlung unterhalb der Burg«, (der Tempelburg von Arkona).[40]

Zu den vielen Sehenswürdigkeiten der Gemeinde zählen neben

Alter Schwede

Kapelle Vitt – Entwurf von Karl Friedrich Schinkel

dem Siebenschneiderstein und den Resten von Burg und Tempel die beiden Leuchttürme auf Kap Arkona, der kleinere 1826/1829 nach Entwürfen von Karl Friedrich Schinkel erbaut, 1926 restauriert und nun ein Museum. Der größere Turm weist seit 1902 Schiffen den Weg um Rügen herum. Daneben liegt ein Peilturm. Zur Gemeinde gehört auch der kleine Fischerort Vitt, als Gesamtanlage unter Denkmalschutz stehend. Die Kapelle von Vitt wurde nach Entwürfen von Karl Friedrich Schinkel 1806 als achtseitiger kleiner verputzter Feldsteinbau mit Klostergewölbe errichtet. Anbauten und Ausstattung sind in das späte 19. Jahrhundert zu datieren.

Putgarten und die Besuchsziele sind für den privaten PKW- und Busverkehr, außer Anlieger, gesperrt. Am Südrand von Putgarten befindet sich daher ein großer Parkplatz. Von hier aus können Radfahrer und Wanderer das Gebiet aufsuchen. Ein Pendelverkehr nach Putgarten, Vitt oder zum Kap Arkona ist eingerichtet. Eine reizvolle Anfahrt auf die Halbinsel Wittow ist die mit einer Fähre von Fischersiedlung nach Wittower Fähre.

Der Siebenschneiderstein liegt bei Gellort. Dorthin gelangt man, wenn man dem Hochuferweg von Arkona aus in nordwestlicher Richtung folgt. Bei Gellort gibt es eine Treppe, die genau an das Großgeschiebe heranführt. Der Stein befindet sich direkt am Strand.

Ein Ort für Schatzsucher

Rügen (Jasmund)

41 Um den Stein, der nur etwa 300 Meter nördlich vom Königsstuhl im Wasser liegt, rankt sich eine alte Sage, die in verschiedenen Versionen erzählt wird und zum umfangreichen Sagenschatz um den legendären Seeräuber Klaus Störtebecker gehört.

»Es heißt, dass alle sieben Jahre um Johanni eine schöne Jungfrau auf dem Stein erscheint. Wenn man sie richtig anspricht, bekommt man von ihr einen Teil aus dem unermesslich reichen Schatz Störtebeckers als Geschenk«, erzählen Einheimische.

Der Waschstein wird als Geotop unter der Nr. G2 71 geführt. Er hat eine Länge von vier Metern, ist drei Meter breit und drei Meter hoch. Sein Umfang liegt bei zehn Metern, und sein Volumen wird auf

Waschstein – Wer erlöst die Schöne?

An der beeindruckenden Kreideküste

18 Kubikmeter geschätzt. Es handelt sich um einen Syenogranit mit der Herkunft Svaneke-Granit von Bornholm. Sein angenommenes Alter sind etwa 1400 Millionen Jahre.

Als Weg zum Königsstuhl und zum Waschstein wird eine Wanderung von Sassnitz aus durch den Nationalpark Jasmund empfohlen. Der Hochuferweg erstreckt sich über neun Kilometer und ist ausgeschildert. Einmalige Aussichten auf die Kreideküste aus dem Wald heraus erfreuen den Besucher. Radwanderer sollten die ausgeschilderten Radwege nutzen und den Anstieg zum Königsstuhl nicht unterschätzen. Von Sassnitz führt eine Buslinie direkt zum Königsstuhl. Mit dem PKW fährt man von Sassnitz oder Lohme bis zum Großparkplatz Hagen und hat dann einen wunderbaren Wanderweg durch den Nationalpark Jasmund am Herthasee vorbei zum Königsstuhl.

Kreidefelsen

Ein Kleinod vergeht

Rügen (Wissower Klinken)

42 »Da, wo heute die Wissower Klinken leuchten, lag früher die Viehweide von Werder. Hier wuchs reichlich Gras, und der Wind hielt Bremsen und Mücken fern. Daher weideten die Bauern gern ihre Zugochsen auf diesem Platz. Eines Tages, es war Christi Himmelfahrt, missachtete ein Mann mit Namen Wissow die Feiertagsruhe. Er schirrte seine beiden Ochsen vor den Haken, wollte einen Acker zum Legen der Kartoffeln vorbereiten. Als er den Haken über Kreuz führte, zog ein gewaltiges Unwetter auf. Die Ochsen rissen sich vor Angst los, der Mann lief hinterdrein. Am nächsten Morgen war die Viehweide verschwunden. Der Gewitterregen hatte Gras und Erde

»Sterben in Schönheit«

Bereits vergangene Pracht

ins Meer gespült. Nun stehen dort, wo einst Vieh graste, die Wissower Klinken!« So erzählte 1967 ein Inselbewohner in den Buhlitzer Bergen nahe Prora.

Die Wissower Klinken waren eine auffällige Kreideformation im Nationalpark Jasmund auf Rügen und einer der meistbesuchten und auch fotografierten Plätze der Insel Rügen. Nachdem sich bereits im Jahr 2004 größere Risse gezeigt hatten, rutschten am 24. Februar 2005 die beiden Hauptzinnen ins Meer. Dabei wurden etwa 50 000 Kubikmeter Kreide in die Ostsee gerissen. Die ursprüngliche Formation dieses Flächennaturdenkmals ist seither nur noch auf Postkarten und Fotos zu sehen.

Neben der Meeresbrandung, welche ständig die Küstenlinien verändert, sieht die Wissenschaft den Druck von eiszeitlichen Ablagerungen aus dem Landesinneren als Hauptursache für die fortwährenden Abbrüche der Kreidefelsen an. Gefrorenes Niederschlagswasser sprengte dann nach dem Einsetzen des Tauwetters die Zinnen endgültig ab. Bereits eine Woche vor dem großen Abbruch waren etwa

Neue Schönheit

1000 Kubikmeter Kreide ins Meer gestürzt, und am 27. Juli 2010 kam es erneut zu einem größeren Kreideabbruch.

Für das bekannte Gemälde von Caspar David Friedrich, »Kreidefelsen der Stubbenkammer« dienten die Wissower Klinken nicht als Motiv – diese waren 1818 noch von Gras bewachsen und entstanden erst später durch Erosion. Caspar David Friedrich könnte die Kleine Stubbenkammer gemalt haben. Die Bezeichnung Klinken kommt als Ortsname auch in Mecklenburg vor und bedeutet im Altpolabischen »klinu« = Winkel oder Keil. Der Dorfname Werder dürfte aus dem Althochdeutschen abgeleitet worden sein – »warid« und für Insel, Halbinsel, Trockenrücken in einer Sumpfgegend stehen = Siedlung auf dem Trockenrücken, ebenfalls im Lande wiederholt anzutreffen.

Werder gehört zu Sassnitz, und die (abgestürzten) Wissower Klinken sind über den reizvollen Hochuferweg durch die Buchenwälder von Jasmund zu Fuß gut erreichbar. Sie liegen etwa zwei Kilometer östlich des Stadtrandes von Sassnitz.

Der Baum im Wappen

43 Nach der Sage soll bereits Heinrich der Löwe, Herzog von Sachsen und Bayern, Fürst zu Mecklenburg, diese Linde gepflanzt haben. Die Sage berichtet weiterhin, dass die Materialien zum Kirchenbau hauptsächlich von einem Schimmel herbeigefahren wurden, der aber als Folge der großen Anstrengung sein Leben hat lassen müssen und zum Dank für seine Treue unter der Linde begraben worden ist. Auf den Schimmel nimmt die Sage vielleicht deshalb Bezug, weil Weiß als die Farbe der Unschuld galt.

Heinrich der Löwe, 1129 geboren und 1195 gestorben, hat die Gerichtslinde von Schlagsdorf ganz sicher nicht gepflanzt oder pflanzen lassen, dafür ist dieser alte Baum nun doch nicht alt genug, obgleich die Linde nach landläufiger Meinung bereits heranwuchs, als »Michelenburg« erstmals urkundlich erwähnt (995), zumindest aber Rostocks Stadtrecht bestätigt wurde (1218). Treffen die Angaben zum Alter aus dem Baumregister zu, keimte die Linde, als sich die Union der mecklenburgischen Landstände gründete. Und dies war 1523.

Die Gerichtslinde wird im Baumregister als Naturdenkmal als Hochgerichtslinde in Schlagsdorf, Nr. 1478, geführt und steht, wie es sich für solch einen respektablen Baum gehört, an der Hauptstraße Nr. 9-10. Die Winterlinde ist auch im Schlagsdorfer Wappen vertreten. Der stilisierte Lindenzweig stellt einen Bezug zur alten Gerichtslinde her. Vier Lindenblätter symbolisieren dabei die vier Ortsteile Schlagsdorfs (Schlagsdorf, Schlagbrügge, Schlagresdorf und Heiligeland).

Die Linde hat einen Umfang von etwa 8,7 Metern und eine Höhe von 20 Metern. Zum Alter gehen die Meinungen weit auseinander. Nach örtlicher Ansicht und verschiedenen Literaturangaben betrage ihr Alter 800, ja 1000 Jahre. Das besagte Baumregister beschreibt das

Hochgerichtslinde und Halseisenbaum

Alte Bekannte – Linde und Grabkreuze

Alter der Schlagsdorfer Gerichtslinde mit »nur« 490 Jahren. Dennoch, eine dörfliche Versammlungsstätte mit vielen Erlebnissen, wie auf einer Holztafel dargestellt, bleibt der imposante Baum und erfreulich: Ihr Zustand wird als vital beurteilt. Die Kirchhofslinde von Schlagsdorf scheint aus zwei oder sogar drei Setzlingen hervorgegangen zu sein, ein früher oft geübtes Verfahren. Trägt sie Laub, ist ihr Stamm kaum zu erkennen, eher nur zu erahnen.

Ab 1589 wurde dem Baum die Aufgabe einer Halseisenlinde übertragen. Neben ihr wurde ein Pfahl mit Halseisen aufgerichtet. An ihm waren Kirchenstrafen zu büßen. Wer zum Beispiel nicht am Gottesdienst teilnahm, wiederholt zu spät kam oder zu früh ging, dem wurde zur Buße das Halseisen angelegt. Der Spott seiner Dorfgenossen (Genossma = Gemeinschaft der freien Bauern eines Mecklenburger Dorfes) war ihm sicher.

Die Kirche zu Schlagsdorf zählt übrigens zu den ältesten in Norddeutschland. Sie dürfte als turmlose Hallenkirche bereits Ende des

Eine der ältesten Kirchen im Lande

12. Jahrhunderts im Übergangsstil zur Gotik begonnen worden sein. Die Ausstattung der Kirche ist ebenso imposant wie altehrwürdig. Und dann die alte Kirchenuhr: Sie gehört zu den ältesten funktionstüchtigen Turmuhren in Norddeutschland, wurde bereits 1587 erwähnt, und Kuriosum, kommt lediglich mit einem Zeiger aus. Eine besondere Sehenswürdigkeit der Schlagsdorfer Kirche sind ihre Glocken. Die größte wurde von Lothringern Glockengießern, die sich in Lübeck niedergelassen hatten, im Jahr 1649 vor der Kirche gegossen. Die kleinste stammt aus Nowgorod.

Schlagsdorf wurde bereits 1158 und dann wieder 1194 urkundlich erwähnt (altpolabisch: »Dorf des Slavota, Slavik«).[41] Die wasserreiche Gemeinde liegt im Westen des Landkreises Nordwestmecklenburg und nahe der B 208.

In Schlagsdorf befindet sich im ehemaligen Domänenpächterhaus das Grenzhus, ein Museum zur Geschichte der Grenze während der deutschen Teilung.

Eiche

Die List des Bauern

Schwerin / Schelfwerder

44 In den Rauhnächten war ja früher die Wilde Jagd mit ihrem Anführer, dem Wod, unterwegs. So auch in der Schweriner Gegend. Wer das Peitschengeknalle und den Hundelärm hörte, der musste schnell die Mitte des Weges aufsuchen, denn »midden auf dem Weg« tat der Wod einem nichts.

Ein Bauer überhörte auf dem Rückweg aus Schwerin, in angeheitertem Zustand wohl, das Treiben der Wilden Jagd. Der Wod forderte den Mann zu einem Zweikampf auf, warf ihm das Ende einer dicken Kette zu und rief »Zieh!« Der Bauer band fix die Kette um eine starke Eiche, und der Wod gab sich nach mehreren Versuchen geschlagen. Für seine Stärke wurde der Bauer vom Wod reich belohnt. Der Wilde Jäger füllte ihm die Stiefel mit Gold, gab noch einen Beutel voll Silberstücke hinzu.

Auf dem Schelfwerder ist man der festen Meinung: »Dat künnt nur uns Eik gewäsen sin. Se ist de dickst an See!«

Die dickste Eiche der Umgebung steht tatsächlich auf dem Schelfwerder, klar, im Eichenweg, auf Privatgelände, umhegt, geschätzt und geschützt. Baumregister-Nr. 3515. Die Stieleiche hat einen gemessenen Umfang von 8,15 Metern. Der Baum wächst auf ehemaligem Forstland, hat eine Höhe von 20 Metern und zeigt außer dem makellosen Stamm auch eine breitovale Krone. Sein Alter wird mit 400 Jahren angegeben, und so entfaltete der Keimling seine ersten Triebe wohl bereits, als der Prager Fenstersturz (1618) zum Dreißigjährigen Krieg führte, welcher auch bald auf Mecklenburg übergriff und es schlimm verwüstete.

Unter den 86 dicksten Eichen Deutschlands liegt die Eiche auf dem Schelfwerder auf Platz 53.

Der Schelfwerder liegt als Insel zwischen dem Schweriner See,

Stärker als der Wod – die Eiche vom Schelfwerder

dem Ziegelsee und dem Heidensee. Er besteht zumeist aus Wald und Wiesen. Auf dem Knakenberg (Knochenberg) lag bis 1763 die Hinrichtungsstätte der Neustadt (Schelfstadt).

Am Schweriner See stehen weitere zahlreiche Starkeichen, wie in der Gemeinde Raben Steinfeld oder nach Godern hin. Raben Steinfeld kann nicht nur etliche Starkbäume vorweisen. Der Findlingsgarten dort zählt sicher zu den interessantesten und schönsten seiner Art in Norddeutschland. Die zwölf ehemaligen (großherzoglichen) Gestütswärterhäuser im Oberdorf von Raben Steinfeld wurden zwischen 1863 und 1869 nach englischem Vorbild errichtet. Im Ort befand sich ein Gestüt des Großherzogs. Die Gebäude sind gleichfalls erhalten.

Schwerin ist die einzige Stadtgründung Heinrichs des Löwen östlich der Elbe (1160), der 1167 hier einen Grafen einsetzte und 1171 ein Bistum errichtete. Auf der heutigen Schlossinsel wurde bereits für 1018 eine slawische Burg erwähnt. Der Ortsname, im Altpolabischen Zwerin, etwa von zveri (wildes Tier) abgeleitet, bedeutet Tierort, Tiergarten[42] – der Schweriner Zoo ist eine weitere Sehenswürdigkeit der Stadt.

Schwerins Sehenswürdigkeiten füllen Bände. Schloss, Dom, Mecklenburgisches Staatstheater und die Seen Schwerins werden neben dem hier nicht genannten Sehenswerten der Landeshauptstadt Mecklenburg-Vorpommerns jeden Besucher überraschen und erfreuen.

Schwerin ist über die A 14, die B 104, B 106 und B 312 gut erreichbar.

Wildapfelbaum (Baum des Jahres 2013)

Opfer des Orkans Kyrill

Stubbendorf

45 »Wenn der Wildapfelbaum von Stubbendorf reichlich trägt, dann werden im nächsten Jahr in der Gegend viele Jungen geboren. Das war auch bei uns so. Meine drei Brüder und ich kamen alle in Abständen von drei bis vier Jahren zur Welt, und immer hatte im Vorjahr der große Wildapfelbaum von Stubbendorf gut getragen«, erzählte in den 1970er Jahren ein Melkermeister aus dem nahen Stormstorf. »Wenn die Haselsträucher reichlich Nüsse tragen, werden im Folgejahr mehr Mädchen als Jungen geboren. Essen kann man die Wildäpfel allerdings nicht, weil sehr, sehr herb und holzhart!«

Orakel des Dorfes – der Wildapfelbaum von Stubbendorf

Der europäische Wildapfel (Malus sylvestris) war der Baum des Jahres 2013. Dieser Baum, auch und sehr berechtigt Holzapfel genannt, ist mittlerweile im Lande wie in ganz Deutschland selten geworden. Als eine Reaktion auf die Wahl zum Baum des Jahres 2013 wurden junge Wildapfelbäume im Pfarrgarten auf dem Klostergelände Bad Doberan gepflanzt, und jedem Pomologen (Apfelkundler) kann man mit einem Hinweis zum Standort eines Wildapfelbaumes echte Freude bereiten.

Die Vorfahren unserer heutigen Kulturäpfel stammen aus Zentral- und Westasien, gelangten über die Handelswege der Antike auch in den Mittelmeerraum und sodann nach Mitteleuropa. Ihr Anbau wurde gefördert von Klöstern und Herrschern wie Karl dem Großen.

Im heutigen Deutschland kamen nur die besagten ziemlich ungenießbaren Holzäpfel (und Holzbirnen) vor, welche höchstens für die Herstellung besonders haltbaren Essigs taugten. Als Unterlage für die Aufpfropfung edler Apfelsorten steht dem europäischen Wildapfel vielleicht noch eine große Zukunft bevor, da er langlebig und winterhart ist.

Im Lateinischen steht »malus« aber auch für das »Böse«. Hier wird an den biblischen Sündenfall erinnert. Diese Beziehung findet sich bei zahlreichen Krankheitsbezeichnungen und auch im Volksmund, »vermaledeiter Kerl!«

Unsere germanischen Vorfahren hatten, ähnlich wie ihre keltischen Nachbarn, eine andere Beziehung zum Apfel. »Wer Iduns Äpfel isst, der bleibt ewig jung!« Die Kelten nannten ihr himmlisches Paradies schlicht »Avalum«, Apfelland!

Die Zähigkeit des Wildapfelgeschlechts zeigt auch der Wildapfelbaum von Stubbendorf. 2007 wurde der Baum eines der Opfer des Orkans Kyrill. Der Stubbendorfer Wildapfelbaum verlor mehr als die Hälfte seiner Krone, brach in den Folgejahren völlig zusammen und bewurzelte sich über seine ausladenden Äste neu. Diese trieben im Frühjahr 2013 (sic!) wieder aus. Bleibt das Areal geschützt, so könnten sich seine Gene am Standort erhalten.

Pomologen nahmen sich des Baumes an, schnitten taugliche Reiser und veredelten damit in Gülzow geeignete Unterlagen. Bereits 2011 konnten erste Äpfel geerntet werden – in den Folgejahren fiel die Ernte immer besser aus. Nun lebt der Genfond des Wildapfelbaumes in Gülzow weiter, und Reiser werden gern abgegeben.

Zum Alter des Wildapfelbaumes von Stubbendorf gehen die Meinungen etwas auseinander, verständlich bei einem hohlen Stamm, bewegen sich zwischen 250 und 500 Jahren. Übereinstimmung liegt hinsichtlich des Stammumfangs vor – 4,52 Meter. Nehmen wir »nur« ein Alter von 300 Jahren an, so trug der Stubbendorfer Wildapfelbaum seine kleinen, harten und sehr herben Früchte bereits zur Zeit des Nordischen Krieges (1700–1721), in welchem Mecklenburg und Pommern zu leiden hatten.

Stubbendorf wurde urkundlich erstmals 1371 als Stubbendorpe erwähnt und liegt im Nordosten des Landkreises Rostock. Der Ortsname ist mittelniederdeutscher Herkunft, »Dorf eines Mannes namens Stubbe«. Es besteht eine Beziehung zu »Stubben« für Baumstumpf. Vielleicht war der Lokator ein Mann von untersetzter Gestalt. Zu den Sehenswürdigkeiten des Ortes ist das Gutshaus zu rechnen, 1903/1904 von Paul Korff im Jugendstil errichtet, sodann die Apfelbaumallee zwischen Stubbendorf und Ehmkendorf. Der Wildapfelbaum, bzw. seine immer noch imposante Ruine, steht circa einen Kilometer östlich von Stubbendorf am Weg nach Ehmkendorf. Der abgesperrte Bereich sollte im Interesse des Erhalts des Baumes nicht betreten werden.

Stubbendorf ist über die Abfahrt Dettmannsdorf der B 110 gut erreichbar.

Sockeleiche

Schattenplatz
für Pommerngänse

Suckow/Rankwitz

46 Der Suckower Sockeleiche, seit 1938 als Naturdenkmal ausgewiesen, wird ein Mindestalter von 700 Jahren zugestanden, nach anderer Ansicht ist der Baum sogar bis 1000 Jahre alt.

Die Suckower Eiche gilt als einer der ältesten Bäume der Insel Usedom. Gesichert ist, dass die Eiche bereits 1298 vom Herzog von Pommern-Stettin – Bogislaw IV. – urkundlich als Grenzverlauf von Usedom erwähnt wurde. Als Fürst Witzlaw III. von Rügen die nahrhaften Pommerngänse um 1400 in einem Lied feierte, dürfte die Sockeleiche von Suckow/Rankwitz den Gänsen bereits viel Schatten gespendet haben. Trotz dieser fürstlichen Fürsprache wurden die auf Rügen, Usedom und in der Uckermark so beliebten Pommerngänse erst 1912 als Rasse anerkannt.

Im Baumregister wird die Sockeleiche bei Suckow unter der Nummer 3176 geführt und die Stieleiche als massige Erscheinung mit kurzem Stamm bezeichnet. Der über 20 Meter hohe Baum mit 30 Meter breiter Krone und einem Stammesumfang von 7,20 Metern steht auf einem Hügelgrab aus der Bronzezeit. Am 2. Juli 1997 brach ein Starkast aus der Krone, der noch neben dem Baum liegt. Der Baum wird als krank bezeichnet.

Inzwischen ist die Sockeleiche akut bruchgefährdet. Ihr Nahbereich darf deshalb nicht mehr betreten werden. Die Eiche steht an der Straße in Richtung Krienke nach Rankwitz etwa einen Kilometer nördlich von Suckow.

Suckow gehört zur Gemeinde Rankwitz, Landkreis Vorpommern-Greifswald. Der Ort wurde 1270 erstmals urkundlich erwähnt. Der Dorfname dürfte sich aus dem Altpolabischen ableiten, »Ort eines

Älteste Eiche auf Usedom

Zuk«, oder »Ort, wo es Käfer gibt«. Die Suckower Eiche könnte zu einem Hude-Wald gehört haben. Im Wiesengelände westlich von Suckow lag eine frühdeutsche Befestigungsanlage, ein Turmhügel.

Rankwitz, der Gemeindesitz, bietet neben dem Museum Heimathof Lieper Winkel einen Hafen als Anziehungspunkt für Tagesausflügler.

Die einzige Straße durch den Lieper Winkel wurde 1896–1998 gebaut. Sie verbindet Rankwitz, Krienke und Suckow mit der B 110. Fuß- und Radwanderer können sich im Lieper Winkel ziemlich ungestört vom sonst dominierenden Autoverkehr bewegen.

Findling Teufelsstein

Des Teufels Fehler

Trissow

47 Der Teufelsstein verdankt seinen Namen einer Sage. Angeblich erschlug der Teufel mit dem Stein eine verführerische, in der Gegend Unheil stiftende Müllerin.

Der Teufel ist im Lande zwar als vielbeschäftigter Mann bekannt, allerdings nicht als Sittenwächter. Eine große Dummheit wäre seine Tat ganz sicher gewesen. So dumm dürfte auch kein Teufel gehandelt haben.

Der Teufelsstein ist ein Findling, der rund 300 Meter südwestlich des Ortsteiles Trissow in der Gemeinde Görmin (Landkreis Vorpommern-Greifswald) liegt. Der eingewachsene Stein befindet sich am Ostufer eines zur Peene fließenden Baches, am Ende eines alten Mühlendamms. Der Stein ist als Geotop unter der Nummer G2 053 erfasst und wurde erstmals 1938 als Naturdenkmal ausgewiesen.

Teufelsstein am alten Mühlendamm

Der Stein ist 4,7 Meter lang, 3,7 Meter breit und 2,6 Meter hoch. Das Volumen wird zwischen 23 und 27 Kubikmetern angegeben. Es handelt sich um einen granatführenden Cordieritgneis, der mit hoher Wahrscheinlichkeit aus der Sörmlandmulde bei Stockholm stammt.

Eine Sehenswürdigkeit ist neben dem Teufelsstein die Kapelle in Alt Jargow (Ortsteil im nahen Görmin). Es handelt sich um einen rechteckigen, nun verputzten Backsteinbau von 1625 mit einem Sandsteinwappen am Ostgiebel.

Die Dorfkirche von Görmin verweist in ihrem ältesten Teil, dem rechteckigen Feldsteinchor, auf die Mitte des 13. Jahrhunderts. Bei Restaurierungen 1951 wurden im Chor Wandmalereien vom Ende des 14. Jahrhunderts freigelegt.

Eine Landstraße führt von der Kleinstadt Loitz über Görmin und Dersekow nach Greifswald, eine weitere Straße verbindet Görmin über die ehemalige B 96 mit den Kleinstädten Gützkow und Jarmen. Die A 20 verläuft nahe dem Gemeindebereich; Anschlussstellen Bisdorf und Gützkow.

Eingewachsen ist des Teufels Werkzeug

Gerichts- und Prangerlinde

Buße im Schatten
der grünen Riesin

Wesenberg

48 Für die Wesenberger Kirchlinde, eine Sommerlinde, wird ein Alter zwischen 300 und 600 Jahren angenommen. Möglicherweise wuchs sie bereits, als der letzte Herzog von Stargard, wozu seinerzeit auch Wesenberg gehörte, Ulrich II., noch jung an Jahren starb, und ganz Mecklenburg in einer Hand unter Heinrich IV., dem Dicken, vereinigt wurde (1471).

Die Höhe der im Baumregister unter der Nr. 2452 erfassten Gerichtslinde wurde mit 20 Metern gemessen. Der Stammumfang beträgt 8,48 Meter. Damit ist sie die dickste Linde im Strelitzer Land und könnte bereits im Dreißigjährigen Krieg ihren Platz neben dem Hauptportal von Sankt Marien zu Wesenberg eingenommen haben, Zeuge des Verrates gewesen sein, wodurch das Schloss Wesenberg in die Hände des Heerführers Johann T'Serclaes Graf von Tilly fiel. So soll das Schloss für schnödes Geld verraten, geplündert und niedergebrannt worden sein. Den flüchtenden Denunzianten steinigten die überlebenden Wesenberger am »Zimmermannsberg«.

Die Wesenberger Kirchlinde überstand den Dreißigjährigen Krieg und auch den großen Stadtbrand vom 6. Oktober 1706. Viele Jahre diente die Linde als Gerichts- und Prangerbaum, an dem Frevler ihnen auferlegte Kirchenstrafen in einem Halseisen öffentlich zu büßen hatten. An der Wesenberger Linde hing noch 1908 solch ein Halseisen, unsicher ist allerdings, ob es sich um ein Original handelte.[43] Außerdem wurden diese Eisen zumeist an einem Pfahl davor angebracht – ein Eisen, und noch dazu an der Linde befestigt, hätte den Baum entehrt.

Einer Sage nach holte der Teufel einst Kartenspieler aus der 1349

Dickste Linde im Strelitzer Land

geweihten Wesenberger Kirche St. Marien, die während eines Gottesdienstes dem Spiel frönten. Doch statt durch die Nebentür, vor der die Linde steht, zog er sie durch die berstende Kirchenmauer. Das Blut spritzte, und hinter Teufel und Spielern schloss sich die Mauer wieder, wo man in den folgenden Jahren stetig und gern auf einen großen Blutfleck verwies, der im Laufe der Zeit gänzlich verschwunden sein soll.

Wesenberg wurde an der Straße aus der Prignitz nach Neubrandenburg um 1250 angelegt und als Civitas 1300 genannt. Das Stadtrecht wurde dem Ort 1278 bestätigt. Wesenberg gehört zum Kreis Mecklenburgische Seenplatte und liegt an der oberen Havel, am Woblitzsee, umgeben von zahlreichen weiteren Seen und Wäldern.

Das weithin erkennbare Wahrzeichen von Wesenberg ist der erhaltene Teil der als Vierflügelanlage errichteten Burg, der Fangelturm, nebst einem Mauerrest. Hier ist die Touristinformation mit Heimatstube und einer Fischerausstellung ansässig. Burg und Stadt wurden von Nikolaus I. von Werle-Güstrow angelegt. Nahe der Burganlage befindet sich in der Villa Pusteblume ein Spielzeugmuseum.

Wesenberg liegt an der B 198 zwischen Mirow und Neustrelitz, ist auch auf dem Wasserweg (Havel) erreichbar und für Radwanderer interessant.

Der Steinwurf
des betrogenen Riesen

Zirzow

49 Etwa eine Fußstunde von Neubrandenburg entfernt liegt neben der Ruine der Krappmühle ein riesiger Felsblock. Von ihm berichtet die Sage, dass die hier befindliche Mühle öfter vom Hochwasser heimgesucht wurde. Der Müller wandte sich um Hilfe an den Riesen von Trollenhagen. Der half auch, wurde aber um den versprochenen Lohn, die Teilnahme an der Kindstaufe, betrogen. Voller Zorn warf er einen gewaltigen Stein nach dem Taufkessel, verfehlte jedoch sein Ziel.

Gespaltener Riese

Riesenkraft traf Riesenstein

Der Riesenstein bei Zirzow im Landkreis Mecklenburgische Seenplatte ist als geologisches Einzelobjekt der Eiszeitroute unter A 6
verzeichnet. Der auch als Krappmühlenstein bezeichnete Felsblock
liegt im Tal des Malliner Wassers (Zufluss der Tollense) östlich von
Zirzow, nördlich der Bahnlinie und nahe den Ruinen der Krappmühle. Die Objektbeschreibung der Eiszeitroute sieht ihn als sehenswerten Findling, der sichtbare Spuren einer bewegten Vergangenheit
aufweist. Auf der Oberfläche des Granits mit einem Umfang von
17,50 Metern und einem Volumen von 54 Kubikmetern erkennt man
deutlich fünf Opferschälchen, die in der Bronzezeit, 1800 – 800 vor
unserer Zeitrechnung, vermutlich kultischen Zwecken dienten. Bei
genauer Betrachtung des Findlings fallen ebenso Bohrlöcher auf, die
von der drohenden Zerteilung des Steins um 1900 zeugen. Das markanteste Merkmal des Steins ist jedoch seine strahlenförmige Auf-
spaltung. Sie entstand 1945, als der Granitblock in den letzten Kriegs-
tagen von einer Panzergranate getroffen wurde. Die Granate hat den
Findling wahrscheinlich von Osten getroffen und beinahe vollständig
gespalten.

Der Findling liegt hinter dem Zaun eines Gasversorgers gut geschützt. Er kann aufgesucht werden, indem dem Schild »Malliner Bachtal« von der Straße nach Zirzow/Hauptdorf gefolgt wird oder dem Weg nach Norden zur Ruine der Krappmühle. Das Malliner Wasser, ein Bach von 14 Kilometer Länge, überwindet zwischen dem Malliner See und der Einmündung in die Tollense einen Höhenunterschied von etwa 30 Metern, ähnelt mit seinem tief eingeschnittenen Bachbett einem Gebirgsflüsschen und ist Heimstatt für Aalquappen, Eisvögel und Gebirgsstelzen. Für die reizvolle Wanderung wird robustes Schuhwerk empfohlen.

Die Krappmühle wird erst seit dem Ende des 18. Jahrhunderts als solche bezeichnet. Der Färberkrapp, auch Echte Färberröte, Krapp genannt, gehört zu den Rötegewächsen und diente seit dem Altertum als Färbepflanze. Seine Wurzel enthält nach der Trocknung einen roten Farbstoff. Zum Färben wurden die drei Jahre alten Rhizome (Wurzelstöcke) im Frühjahr und Herbst ausgegraben, in Öfen getrocknet und zerkleinert. Färberkrapp wurde auch als Heilpflanze angebaut und verwendet, so bei Erkrankungen der Harnwege. Allerdings gelten einige Inhaltsstoffe als krebserregend. Daher hat das Bundesgesundheitsamt die Zulassung krappwurzelhaltiger Arzneimittel widerrufen.

Zirzow wurde urkundlich erstmals 1230 als Siritzowe (altpolabisch »Ort des Sirisa«) erwähnt.[44] Die Dorfkirche ist ein rechteckiger Feldsteinbau mit einem quadratischen Backsteinturm und wurde im 15. Jahrhundert errichtet. An weiteren Sehenswürdigkeiten der Gemeinde sind die Zirzower Mühle mit Schaukraftwerk und die Wassermühle in Zirzow-Mühle zu nennen. In Zirzow wurde 1873 Enoch Zander geboren, ein bedeutender deutscher Zoologe und Bienenkundler, dessen Nachlass im Müritzeum in Waren gepflegt wird.

Die B 104 kreuzt das Gemeindegebiet, verläuft aber nicht durch Zirzow.

Eine grüne Greisin will hoch hinaus

Zurow

50 Die Kirchlinde von Zurow, auch als Friedhofslinde bezeichnet, wurde möglicherweise 1345 zum Bau der Kirche gepflanzt. Sie ist ein amtlich bestätigtes Naturdenkmal mit der Nummer 2401 im Baumregister. Die Sommerlinde steht an der straßenabgewandten Seite der Kirche. Ihr wird ein Alter von 900 Jahren zugestanden, ja sogar 1000 Jahre Lebensalter werden angenommen.

Folgen wir der Altersangabe für die Kirchlinde von Zurow mit 900 Jahren, so wuchs sie bereits heran, als der spätere Herzog von Sachsen und Bayern, Fürst zu Mecklenburg, Heinrich der Löwe geboren wurde (1129).

Die Linde kann eine Höhe von 15 Metern und einen stattlichen Stammumfang von 9,40 Metern vorweisen. Damit steht sie in Mecklenburg-Vorpommern, dem an Starkbäumen reichen Land, auf Platz zwei! Vor ihr liegt nur die Reinberger Linde. Die Linde von Zurow zeigt nur noch die Hälfte ihrer früheren Größe. Nach der Literatur hat ein schweres Unwetter um 1800 dem Baum sehr geschadet, ihn gleichsam halbiert. Mit landesüblicher Beharrlichkeit versucht der Baum sich selbst zu helfen, ist nicht nur vital, sondern hat auch neuere Stürme, welche seine imposante Krone schädigten, überstanden.

Die Linde steht an der ebenfalls altehrwürdigen Backsteinkirche von Zurow. Ihr Baubeginn wird auf das Jahr 1380 datiert, der Abschluss allerdings erst auf das Jahr 1862. Zu ihren Besonderheiten zählen der spätgotische Schnitzaltar, die 1462 gegossene Glocke mit kunsthistorisch interessanten Ritzzeichnungen sowie die Wandmalereien im Chorgewölbe aus der ersten Hälfte des 15. Jahrhunderts. Sehenswert ist zudem das neobarocke Gutshaus, 1837 als

Kirchlinde und Beschützer

Zurower Dorfkirche

zweigeschossiger Putzbau mit übergiebeltem Mittelrisalit und Krüppelwalmdach errichtet.

Zurow wurde 1303 erstmals urkundlich erwähnt und ist eine Gemeinde im Landkreis Nordwestmecklenburg. Der Ortsname soll altpolabischer Herkunft sein – »Ort eines Sur«. Das Dorf wurde ursprünglich zwischen zwei Seen angelegt. Hier kam sicher auch ein Schutzbedürfnis zum Ausdruck.

Die Gemeinde liegt an der A 20 mit direkter Anschlussstelle in Zurow und ist Ausgangspunkt für die B 192 nach Neubrandenburg.

Anhang

Anmerkungen

1   Foster, Elzbieta; Willich, Cornelia: Ortsnamen und Siedlungs-
    entwicklung. Das nördliche Mecklenburg im Früh- und Hoch-
    mittelalter, Stuttgart 2007.
2   Engel, Karl-Heinz: Baumriesen zwischen Berlin und Rügen,
    Friedland, 2013.
3   Foster, Elzbieta; Willich, Cornelia, Ortsnamen und Siedlungs-
    entwicklung, a. a. O.
4   Bartsch, Karl: Sagen, Märchen und Gebräuche aus Meklenburg,
    Wien 1879/80.
5   Kühnel, Paul: Die slavischen Ortsnamen in Mecklenburg.
    In: Mecklenburgische Jahrbücher 46, 1882, S. 3–168.
6   Haefs, Hanswilhelm: Ortsnamen und Ortsgeschichten auf
    Rügen mitsamt Hiddensee und Mönchgut, Norderstedt 2003.
7   Kühnel, Die slavischen Ortsnamen, a. a. O.
8   Kühnel, Die slavischen Ortsnamen, a. a. O.; Foster; Willich,
    Ortsnamen und Siedlungsentwicklung, a. a. O.
9   Kühnel, Die slavischen Ortsnamen, a. a. O.
10 Ebenda.
11 Niederhöffer, Albert: Mecklenburg's Volkssagen, 1858.
12 Foster; Willich, a. a. O.
13 Kühnel, Die slavischen Ortsnamen, a. a. O.
14 Bartsch, Sagen, Märchen und Gebräuche, a. a. O.
15 Kühnel, Die slavischen Ortsnamen, a. a. O.
16 Ebenda.
17 Ebenda.
18 Siering, W.; Siering, R.: Das geht auf keine Kuhhaut! Skurriles
    Kurieren von Pflanzen, Tieren, Menschen, Friedland 2013.
19 Siering, W.: Vom Wiever-Barg zum Ohgang-See. *Eine Wande-
    rung im Herzen der Mecklenburgischen Schweiz,* Neubranden-
    burg 1996.

20 Kühnel, Die slavischen Ortsnamen, a. a. O.

21 Engel, Karl-Heinz, Baumriesen, S. 203–204.

22 Schmied, Hartmut: Die schwarzen Führer. Mecklenburg-
Vorpommern, Freiburg im Breisgau 2001, S. 101 f.

23 Bartsch, Sagen, Märchen und Gebräuche, a. a. O.

24 Kühnel, Die slavischen Ortsnamen, a. a. O.

25 Bartsch, Sagen, Märchen und Gebräuche, a. a. O.

26 Ebenda.

27 Haefs, Ortsnamen und Ortsgeschichten, a. a. O.

28 Neubrandenburger Zeitung, 5.9.1929.

29 Kühnel, Die slavischen Ortsnamen, a. a. O.

30 Siering, Waldemar; Siering, Robert: Orte mit kuriosen Namen
in Mecklenburg-Vorpommern. Von Aalbude bis Zitterpenningshagen, Friedland 2012.

31 Kühnel, Die slavischen Ortsnamen, a. a. O.

32 Temme, Jodocus Donatus Hubertus: Die Volkssagen von
Pommern und Rügen, Nr. 189, Berlin 1840.

33 Siehe Kühnel, Die slavischen Ortsnamen, a. a. O.

34 Foster; Willich, a. a. O.

35 Schmidt, Ingrid: Götter, Mythen und Bräuche von
der Insel Rügen, Rostock 1997.

36 Temme, Die Volkssagen von Pommern und Rügen, a. a. O.

37 Ebenda.

38 Ebenda.

39 Haefs, Ortsnamen und Ortsgeschichten, a. a. O.

40 Ebenda.

41 Kühnel, Die slavischen Ortsnamen, a. a. O.

42 Ebenda.

43 Vgl. Engel, Baumriesen, a. a. O.

44 Kühnel, Die slavischen Ortsnamen, a. a. O.

Glossar

Achterwasser: Lagune des in die Ostsee mündenden Peenestroms bei Usedom

Altpolabisch: Als Polabisch oder auch Elbslawisch bezeichnet man die Sprache westslawischer Stämme; die Bezeichnung geht zurück auf den Stamm der Polaben, die an der Elbe angesiedelt waren (po »an« + Laba »Elbe«).

Aplitgang: Als Aplite bezeichnet man hellmineralreiche, feinkörnige und dichte Gang- oder Adergesteine, die sich in plutonischen Gesteinen bilden.

Bauernlegen: Einziehen von Bauernhöfen durch den Großgrundbesitzer (16.–18. Jhdt.)

Blockpackungen: Anreicherungen großer Mengen von Steinmaterial, die während der Eiszeit durch Gletscherbewegung am Rande des Inlandeises abgelagert wurden.

Bollen: Bullen

Civitas: Der lateinische Begriff für eine halbautonome Verwaltungseinheit der mittleren Ebene. Berühmte Civitates waren z. B. Frankfurt am Main oder Wiesbaden.

Geotop: aus dem Griechischen stammender Begriff (gé: die Erde; topos: der Ort) für Naturgebilde, die Aufschluss über die Erdgeschichte, ihre Entstehung und die Entwicklung des Lebens auf der Erde, geben.

Hutewälder/Hudewälder: Zur Viehhaltung genutzter Wald (Ableitung von »hüten«), der durch die Beweidung charakteristisch wenig Nachwuchs und viele lichte Stellen aufweist.

Joch (Plural: Jochen): Joch bezeichnet in der griechischen und römischen Architektur den Achsabstand zwischen zwei Säulen oder Pfeilern (also vom Säulenmittelpunkt ausgehend). Im Kirchenbau der modernen Architekturgeschichte bezieht sich der Begriff hingegen auf die Gewölbeabschnitte eines Kirchenschiffes, welche durch die besagten Säulenabstände definiert/begrenzt werden.

Kemlade: Ein hölzernes, turmartiges Wohngebäude aus dem frühen

Mittelalter, das inmitten eines Gewässers oder Moores lag und aufgrund der natürlichen Gegebenheiten so auf Schutzwälle verzichten konnte.

Krupbaum: Ein aus zwei Stämmen bestehender Baum, der unten gespalten ist beziehungsweise eine Öffnung aufweist und erst oben eins wird. Das »Krupen« (= kriechen) durch diese Öffnung soll angeblich Krankheiten heilen.

Lesesteinmauern: Lesesteine nennt man auf Wiesen, Weiden und Äckern herumliegende Steine, die durch Verwitterung gelockert und durch beispielsweise Erosion an die Erdoberfläche gebracht werden. Da sie für die produktive Bodenbearbeitung ein Störfaktor sind, werden sie regelmäßig »abgelesen«, d. h. am Feld- oder Weiderand beiseitegelegt. In besonders steinreichen Gegenden entstehen so allmählich Lesesteinhaufen oder sogar – mauern.

Littorina-Transgression: Phase des nacheiszeitlichen Meeresspiegelanstiegs

NABU: Naturschutzbund Deutschland

NN: Normalnull

Oszug: Das aus dem schwedischen stammenden Wort Os bezeichnet einen schmalen, bahndammähnlichen Wallberg.

Scharbank: (»Schaar« = Sandbank beziehungsweise Hochsand im Küstenraum der Nord- oder Ostsee) norddeutsche Fischerbezeichnung von Strandwällen in der Ostsee, häufiges Phänomen in flachen Binnengewässern

Scheffel(n): Maßeinheit, Hohlmaß

Tag-und-Nacht-Gleichen: Tage, an denen Tag und Nacht gleich lange andauern – also der 21. März und der 23. September (astronomischer Frühlings- und Herbstbeginn)

Taxan-Derivate: Von Taxanen (zellwachstumshemmende Stoffe) abgeleiteter Stoff, z. B. Paclitaxel, welches bei der Krebstherapie eingesetzt wird

Unnerirdische: Unterirdische lebende Fabelwesen

Wilde Jagd: Eine Himmelsphänomen, welches bisweilen als jagende Geisterhorde bzw. Wildes Heer interpretiert wird und insbesondere in der Zeit zwischen Weihnachten und Anfang Januar zu beobachten sein soll.

Quellenverzeichnis

Gemeindeverzeichnis für Mecklenburg-Vorpommern. Hg. vom Statistischen Landesamt Mecklenburg-Vorpommern, 2008

Geologische Karte von Mecklenburg-Vorpommern. Hg. vom Geologischen Landesamt Mecklenburg-Vorpommern, Schwerin 1998

Kaiserbederegister: Die mecklenburgischen Kaiserbederegister von 1496. Hg. von Franz Engel, Köln–Graz 1968 (Mitteldeutsche Forschungen 56)

MUB: Mecklenburgisches Urkundenbuch. Hg. vom Verein für mecklenburgische Geschichte und Altertumskunde, Bd. 1–25 B, Schwerin 1863–1977

PUB: Pommersches Urkundenbuch. Hg. vom Königlichen Staatsarchiv zu Stettin, Bd. 1–7, Stettin 1868–1936, Bd. 8–11, Köln–Graz 1961–1990

PUB: Pommersches Urkundenbuch, Bd. 1: Neubearbeitung von Claus Vonrad, Köln–Wien 1970 (Veröffentlichungen der Historischen Kommission für Pommern 2)

Literaturverzeichnis

Altenburg, Hans-Jörg: Neubrandenburger Geologische Beiträge, Bd. 11, Friedland 2011

Amts- und Mitteilungsblatt der Hansestadt Rostock Nr. 21/1996 vom 25.10.1996 (zum Schnatermannstein)

Arnswald, Georg, von: Mecklenburg, das Land der starken Eichen und Buchen, Schwerin 1938

Auf nach mv.de > reiseziele: zum Teufelsstein bei Feldberg

Baier, Gerd, et al.: Die Bau- und Kunstdenkmale der DDR. Bezirk Neubrandenburg, Berlin 1982

Bartsch, Karl: Sagen, Märchen und Gebräuche aus Meklenburg. 2 Bände, Wien 1879/80

Beiche, Volker; Kintzel, Walter: Geschützte Bäume im Landkreis Parchim. Naturschutzarbeit in Mecklenburg-Vorpommern, 52. Jahrgang, 2009

Boll, Ernst: Geschichte Mecklenburgs. Neubrandenburg 1855, Reprint, Neubrandenburg 1995

Borchardt, Erika und Jürgen: Das sagenhafte Schwerin, Schwerin 2007

Borrmann, Klaus: Die Geschichte des Heilige-Hallen-Waldes – eine Geschichte der Naturschutz-Idee. In: Neubrandenburger Mosaik, Nr. 18, S. 102–112, Neubrandenburg 1994

Borth, Helmut: Waldwege. Auf grünen Pfaden durch Mecklenburg-Vorpommern, Neubrandenburg, 2013

Bülow, Werner von: Mecklenburg-Vorpommern. Ein Geschenk der Eiszeit, Schwerin, 1996

Burkhard, Albert: Vineta. Sagen und Märchen vom Ostseestrand, Rostock 1965

Buske, Norbert; Baier, Gerd: Dorfkirchen in der Landeskirche Greifswald. Berlin 1984

Crepon, Tom: Leberecht von Blücher. Leben und Kämpfe, Berlin 1988

Dehio, Georg: Handbuch der deutschen Kunstdenkmäler. Die Bezirke Neubrandenburg, Rostock und Schwerin, 2. Auflage, Berlin 1980

Engel, Karl-Heinz: Baumriesen zwischen Berlin und Rügen, Friedland 2013

Fallada, Hans: Fridolin, der freche Dachs, Berlin 2012

Foster, Elzbieta; Willich, Cornelia: Ortsnamen und Siedlungsentwicklung. Das nördliche Mecklenburg im Früh- und Hochmittelalter, Stuttgart 2007

Fröhlich, Hans-Joachim: Alte liebenswerte Bäume in Deutschland, 2. Auflage, Hamburg 2005

Gemeinde Löcknitz: Sagen und Geschichten, ohne Jahresangabe, seit dem 12. Januar 2009 online

Giese, Richard; Brun, Hartmut: Griese Gegend. Sagen und Geschichten, Schwerin 1992

Giese, Richard: Der Untergang der Stadt Ramm. In: Land und Leute, Heft 1, Ludwigslust 1956, S. 32

Göschel, Heinz (Hg): Lexikon der Städte und Wappen der Deutschen Demokratischen Republik, 2. Auflage, Leipzig 1984

Grewolls, Grete: Wer war wer in Mecklenburg-Vorpommern? Bremen und Rostock, 1995

Gundlach, Heinz: Sagen rund um Rostock, Rostock 1995

Haas, Alfred: Rügensche Sagen und Märchen, 4. Auflage, Stettin 1912

Hackert, Fritz: Eine Plauderei über den Parchimer Sonnenberg und das Buchholz, In: Wissenswertes aus der Stadt Parchim und dem Kreis Parchim, Parchim 1988

Haefs, Hanswilhelm: Ortsnamen und Ortsgeschichten auf Rügen mitsamt Hiddensee und Mönchgut, Norderstedt 2003

Haeger, Fritz: Die deutschen Ortsnamen Mecklenburgs seit dem Beginn der Kolonisation. Wismar 1935 (Wissenschaftliche Schriftenreihe des Heimatbundes Mecklenburg 2)

Hartmann, Mike: Die Naturdenkmale des Landkreises Demmin, Demmin 1998

Hoffmann, Raimund et al. (Hg.): Die Tollense. Alte Sagen und neue Bilder einer Region, Neubrandenburg 1995

Holtz, Gottfried: Kirchen auf dem Lande. Die Dorfkirchen von Mecklenburg, Berlin 1953

Hubrich-Messow, Gundula (Hg.): Sagen aus Mecklenburg, 3. Auflage, Husum 2003

Jahn, Ulrich: Volkssagen aus Pommern und Rügen, Berlin 1889

Jürgens, Hans-Joachim: Rügen – sagenumwoben und traumhaft schön. In Bildern: Heute und vor 100 Jahren, Barsinghausen 1992

Karge, Wolf; Münch, Ernst; Schmied, Hartmut: Die Geschichte Mecklenburgs, Rostock 1993

Kehnscherper, Günther: Hünengrab und Bannkreis, Leipzig, Jena, Berlin 1990

Keuthe, Burghard: Parchimer Sagen, Parchim 1995

Derselbe: Parchimer Sagen, Teil III, Parchim 1999

Kühnel, Paul: Die slavischen Ortsnamen in Mecklenburg. In: Mecklenburgische Jahrbücher 46, 1882, S. 3–168

Landkreis OVP, Untere Naturschutzbehörde, Ortsgruppe Geobotanik, Zwischen Beek und Großem Landgraben: Schutzobjekte im Landkreis Ostvorpommern und in der Universitäts- und Hansestadt Greifswald, Greifswald 2009

Lehmann, Heinz (Hg.): Rügen. Sagen und Geschichten, Schwerin 1990

Müller, Hans: Dome, Kirchen, Klöster. Kunstwerke aus zehn Jahrhunderten, Berlin und Leipzig 1984

Neubrandenburger Zeitung: Zum König der Jahrhunderte, 5.9.1929, ohne Seitenangabe

Neumann, Siegfried: Sagen aus Pommern, München 1991

Derselbe: Sagen aus Mecklenburg, München 1993

Niederhöffer, Albert: Mecklenburg`s Volkssagen, Leipzig 1858

Niemeyer, Manfred: Uecker-Randow. Quellen- und Literatursammlung zu den Ortsnamen. Greifswalder Beiträge zur Ortsnamenkunde V, Greifswald 2003

Reinicke, Rolf: Steine in Norddeutschland – Zeugen der Eiszeit, Schwerin 2012

Reuter, Fritz: Werke, Dritter Band, Berlin und Weimar 1974, S. 275–285

Roepke, Dietrich; Krägenow, Peter: Die Naturdenkmäler der Kreise Waren und Röbel, Müritz-Museum, Waren (Müritz) 1979

Roggentin, Ruth: Die Wundereiche. Eine Auswahl Mecklenburgischer Sagen, 2. Auflage, Schwerin 1961

Schlimpert, Gerhard: Slawische Personennamen in mittelalterlichen Quellen zur deutschen Geschichte. Berlin 1978

Schmidt, Ingrid: Götter, Mythen und Bräuche von der Insel Rügen, Rostock 1997

Schmied, Hartmut: Die schwarzen Führer. Mecklenburg-Vorpommern, Freiburg im Breisgau 2001

Derselbe: Geister, Götter, Teufelssteine. Sagen- und Legendenführer Mecklenburg-Vorpommern, Rostock 2005

Schulz, Erwin: Der Ortsnamen-Detektiv. Mittelalterliche Siedlungsnamen im Landkreis Uecker-Randow, Milow 2007

Sielaff, Erich: Pommersche Sagen. Dürr's Sammlung Deutscher Sagen, Bd. 27, Leipzig o. J.

Siering, Waldemar; Siering, Robert: Orte mit kuriosen Namen in Mecklenburg-Vorpommern. Von Aalbude bus Zitterpenningshagen, Friedland 2012

Dieselben: Das geht auf keine Kuhhaut! Skurriles Kurieren von Pflanzen, Tieren, Menschen, Friedland 2013

Siering, W.: Vom Wiever-Barg zum Ohgang-See. Eine Wanderung im Herzen der Mecklenburgischen Schweiz, Neubrandenburg 1996

Svenson, Christian: Geschützte Findlinge der Insel Rügen. Landesamt für Umwelt, Naturschutz und Geologie Mecklenburg-Vorpommern, Güstrow 2005 (fachliche Kompetenz: Institut für Geographie und Geologie, Ernst-Moritz-Arndt-Universität Greifswald).

Temme, Jodocus Donatus Hubertus: Die Volkssagen von Pommern und Rügen, Nr. 189, Berlin 1840

Trautmann, Reinhold: Die elb- und ostseeslavischen Ortsnamen. Bd. 1–2, Berlin 1948, 1949, Bd. 3: Register: bearb. von Hermann Schall, Berlin 1956

Untere Naturschutzbehörde Landkreis Ludwigslust: Faszination Bäume, 2007

Voß, Eberhard; Rüchel, Fritz: Ivenacker Eichen, Forstamt Stavenhagen 2003

Weber, Leopold: Asgard. Die Götterwelt unserer Vorfahren, Stuttgart 1920

Witte, Hans: Wendische Bevölkerungsreste in Mecklenburg, Stuttgart 1905

Wossidlo, Richard: Mecklenburgische Sagen. Zwei Bände, Rostock 1939

www.amtneverin. de: Zum Findling de groote Stein – Blankenhof

Serrahner Naturgeschichten, Galenbeck 2009, S. 123: zu Feldberg

Zum Teufelsstein bei Friedland: Informationstafel am Stein, Geopark, 2005

Schmettausche Karten, 1788 und 1822 (2. Auflage)

Mitteilungen von Gewährsleuten

Zu (Alt) Polchow, Kirchhofslinde: ehemaliger Mitschüler aus Polchow im Internat der EOS »John Brinckman, Güstrow, 1960er Jahre

Zu Blandow, Findling: Hauptwachtmeister H., ein »Rügenmensch«, während meiner NVA-Dienstzeit, Standort Goldberg, 1960er Jahre

Zu Blankenhof, de groote Stein: Landwirt aus der Gegend während der Abklärung eines Schadensfalles bei Weiderindern, 1980er Jahre

Zu Bülow, Feldhorn: Revierförster G. aus N. im »Goldenen Frieden« Burg Schlitz, 1960er Jahre

Zum Buskam, Findling: »Rügenmenschen« (Kollegen) und Kulturportal MV

Zu Dobbin, Schäferbuche: Forstarbeiter P. aus Dobbin beim Holzeinschlag in Carlsdorf, 1970er Jahre

Zu Galenbeck, Tanzlinde: Förster B. aus R. in der Tierklinik von Neubrandenburg, 1980er Jahre

Zu Kiekindemark/Parchim, Breiter Stein: Veterinär- und Lebensmittelüberwachungsamt, Landkreis Parchim, um 2002

Zu Kuchelmiß, Drei Eichen: Bauer Krüger aus Kuchelmiß, In: Siering und Siering: Das geht auf keine Kuhhaut. Skurriles Kurieren von Pflanzen, Tieren, Menschen, Friedland 2013, S. 49

Zu Löcknitz, Irmtrudseiche: Kollege aus Löcknitz, 2012

Zu Lüttenhagen, Eiche: Forstmann aus dem Altkreis Mecklenburg-Strelitz im Waldmuseum nach 1990

Zu Minzow, Eiche, Quelle: Tierpflegerin bei einer Weidekontrolle, 1980er Jahre

Zu Mollenstorf, Rillenstein: Viehzuchtbrigadier nach einem Bestandsbesuch in Mollenstorf, Mitte der 1980er Jahre

Zu Moltzow, Schiefe Eiche: Revierförster G. aus N. bei einem Gang durch den Park von Burg Schlitz, 1960er Jahre

Zu Mukran/Neu Mukran, Feuersteinfelder: Fischer aus Breege, Rügen, Sommer 1970

Zu Nienhagen, Gespensterwald: Meinung im Ort, zu hören 1990er Jahre bei einer Wanderung

Zu Pinnow, Schöne Eiche: Viehzuchtbrigadier aus Chemnitz bei Pinnow, Ende der 1970er Jahre

Zu Rattey, Hute-Eichen: Jäger aus Schönbeck, Tierklinik Neubrandenburg, um 1978

Zu Schelfwerder, Eiche, Wilde Jagd: Kollege aus Schwerin, um 1985

Zu Stubbendorf, Wildapfelbaum: Melkermeister aus Stormstorf, um 1970

Zu den Wissower Klinken: Soldat in Prora, noch ein »Rügenmensch«, 1967

Bildnachweis

Brandt, Jürgen   S. 45, 55, 85, 86

Engel, Karl-Heinz   S. 16, 32, 47, 48, 63, 65, 66, 69, 70, 89, 97, 98, 101, 131, 132, 133, 135, 145, 151, 152

Fotolia @ Elxeneize   S. 82

Siering, Waldemar   S. 19, 57, 61, 75, 79

Steffen, Sven   S. 39

Templin, Norbert   S. 29

Wikipedia

S. 14   „Os-bei-Gatschow-27-07-2008-072" von Botaurus stellaris - Eigenes Werk. Lizenziert unter Gemeinfrei über Wikimedia Commons - https://commons.wikimedia.org/wiki/File:Os-bei-Gatschow-27-07-2008-072.jpg#/media/File:Os-bei-Gatschow-27-07-2008-072.jpg

S. 17   „Kirche Polchow 03" von Schiwago - Eigenes Werk. Lizenziert unter CC BY 2.5 über Wikimedia Commons - https://commons.wikimedia.org/wiki/File:Kirche_Polchow_03.jpg#/media/File:Kirche_Polchow_03.jpg

S. 20   „Altentreptow-Demminer-Feldseite-Tor-28-07-2008-025" von Botaurus stellaris - Eigenes Werk. Lizenziert unter Gemeinfrei über Wikimedia Commons - https://commons.

wikimedia.org/wiki/File:L%C3%B6cknitz-Tausendj%C3%A4hrige-Eiche-Gedenk-stein-2014-01-04.JPG#/media/File:L%C3%B6cknitz-Tausendj%C3%A4hrige-Eiche-Ge-denkstein-2014-01-04.JPG

S. 67   „Mildenitz Kirche 2011-05-06 166" von Niteshift (talk) - Eigenes Werk (photo). Li-zenziert unter CC BY-SA 3.0 über Wikimedia Commons - https://commons.wikimedia.org/wiki/File:Mildenitz_Kirche_2011-05-06_166.JPG#/media/File:Mildenitz_Kir-che_2011-05-06_166.JPG

S. 72   „Mollenstorf Rillenstein 2010-09-03 110" von Niteshift (talk) - photo taken by myself. Lizenziert unter CC BY-SA 3.0 über Wikimedia Commons - https://commons.wikimedia.org/wiki/File:Mollenstorf_Rillenstein_2010-09-03_110.JPG#/media/File:Mollenstorf_Ril-lenstein_2010-09-03_110.JPG

S. 73   „Mollenstorf Kirche 2010-09-03 113" von Niteshift (talk) - photo taken by myself. Li-zenziert unter CC BY-SA 3.0 über Wikimedia Commons - https://commons.wikimedia.org/wiki/File:Mollenstorf_Kirche_2010-09-03_113.JPG#/media/File:Mollenstorf_Kir-che_2010-09-03_113.JPG

S. 76   „Findling Nardevitz 2" von Lapplaender - photo taken by Lapplaender. Lizenziert un-ter CC BY-SA 2.0 de über Wikimedia Commons - https://commons.wikimedia.org/wiki/File:Findling_Nardevitz_2.jpg#/media/File:Findling_Nardevitz_2.jpg

S. 77   „Findling Nardevitz 4" von Lapplaender - Eigenes Werk. Lizenziert unter CC BY-SA 2.0 de über Wikimedia Commons - https://commons.wikimedia.org/wiki/File:Findling_Nar-devitz_4.jpg#/media/File:Findling_Nardevitz_4.jpg

S. 78   „Findling Nardevitz 5" von Lapplaender - Eigenes Werk. Lizenziert unter CC BY-SA 2.0 de über Wikimedia Commons - https://commons.wikimedia.org/wiki/File:Findling_Nar-devitz_5.jpg#/media/File:Findling_Nardevitz_5.jpg

S. 81   „Gespensterwald6" von Lebrac - Eigenes Werk. Lizenziert unter CC BY-SA 3.0 über Wikimedia Commons - https://commons.wikimedia.org/wiki/File:Gespensterwald6.jpg#/media/File:Gespensterwald6.jpg

S. 83   „Landschaftsschutzgebiet Kühlung - Nienhäger Holz (Gespensterwald) (29)" von Ragnar1904 - Eigenes Werk. Lizenziert unter CC BY-SA 3.0 über Wikimedia Commons - https://commons.wikimedia.org/wiki/File:Landschaftsschutzgebiet_K%C3%BChlung_-_Nienh%C3%A4ger_Holz_(Gespensterwald)_(29).JPG#/media/File:Landschaftsschutzgebiet_K%C3%BChlung_-_Nienh%C3%A4ger_Holz_(Gespensterwald)_(29).JPG

S. 87   „Parchimer Landwehr 2009-01-23 015a" von Niteshift (talk) - self taken photo. Lizen-ziert unter CC BY 3.0 über Wikimedia Commons - https://commons.wikimedia.org/wiki/File:Parchimer_Landwehr_2009-01-23_015a.jpg#/media/File:Parchimer_Landwehr_2009-01-23_015a.jpg

S. 91   „Pudagla Teufelsstein 01" von Erell - Eigenes Werk. Lizenziert unter CC BY-SA 3.0 über Wikimedia Commons - https://commons.wikimedia.org/wiki/File:Pudagla_Teufels-stein_01.JPG#/media/File:Pudagla_Teufelsstein_01.JPG

S. 93   „Opferstein von Quoltitz 3" von Lapplaender - photo taken by Lapplaender. Lizenziert unter CC BY-SA 2.0 de über Wikimedia Commons - https://commons.wikimedia.org/wiki/File:Opferstein_von_Quoltitz_3.jpg#/media/File:Opferstein_von_Quoltitz_3.jpg

S. 95   „Quoltitzer Kreidebruch Nationalpark Jasmund" von Gillys.-tosh6.1d - Eigenes Werk. Li-zenziert unter CC BY-SA 3.0 über Wikimedia Commons - https://commons.wikimedia.org/wiki/File:Quoltitzer_Kreidebruch_Nationalpark_Jasmund.jpg#/media/File:Quoltitzer_Kreidebruch_Nationalpark_Jasmund.jpg

S. 99 „Rattey Kirche Dorf Front" von Horst-schlaemma - Eigenes Werk. Lizenziert unter Gemeinfrei über Wikimedia Commons - https://commons.wikimedia.org/wiki/File:Rattey_Kirche_Dorf_Front.JPG#/media/File:Rattey_Kirche_Dorf_Front.JPG

S.103 „Schusterstein bei Rosemarsow Nordostseite" von Erell - Eigenes Werk. Lizenziert unter CC BY-SA 3.0 über Wikimedia Commons - https://commons.wikimedia.org/wiki/File:Schusterstein_bei_Rosemarsow_Nordostseite.jpg#/media/File:Schusterstein_bei_Rosemarsow_Nordostseite.jpg

S. 107 „Buskam2009" von Unukorno - Eigenes Werk. Lizenziert unter CC BY-SA 3.0 über Wikimedia Commons - https://commons.wikimedia.org/wiki/File:Buskam2009.jpg#/media/File:Buskam2009.jpg

S. 110 ...„Herthasee und Herthaburg auf Rügen" von Abubiju - Eigenes Werk. Lizenziert unter CC BY 3.0 über Wikimedia Commons - https://commons.wikimedia.org/wiki/File:Herthasee_und_Herthaburg_auf_R%C3%BCgen.jpg#/media/File:Herthasee_und_Herthaburg_auf_R%C3%BCgen.jpg

S. 111 „Herthasee-Stubnitz-110513-096" von Chron-Paul - Eigenes Werk. Lizenziert unter CC BY-SA 3.0 über Wikimedia Commons - https://commons.wikimedia.org/wiki/File:Herthasee-Stubnitz-110513-096.JPG#/media/File:Herthasee-Stubnitz-110513-096.JPG

S. 112 „Herthasee k1" von H.-U. Küenle - Eigenes Werk. Lizenziert unter CC BY-SA 3.0 über Wikimedia Commons - https://commons.wikimedia.org/wiki/File:Herthasee_k1.jpg#/media/File:Herthasee_k1.jpg

S. 113 „Kreidefelsen, Stubbenkammer (2011-05-21) 7" von Klugschnacker - Eigenes Werk. Lizenziert unter CC BY-SA 3.0 über Wikimedia Commons - https://commons.wikimedia.org/wiki/File:Kreidefelsen,_Stubbenkammer_(2011-05-21)_7.JPG#/media/File:Kreidefelsen,_Stubbenkammer_(2011-05-21)_7.JPG

S. 114 „Königsstuhl Rügen 2012" von Felix König - Eigenes Werk. Lizenziert unter CC BY 3.0 über Wikimedia Commons - https://commons.wikimedia.org/wiki/File:K%C3%B6nigsstuhl_R%C3%BCgen_2012.JPG#/media/File:K%C3%B6nigsstuhl_R%C3%BCgen_2012.JPG

S. 116 „Königsstuhl und Viktoria-Sicht" von Thomas Wolf, www.foto-tw.de - Eigenes Werk. Lizenziert unter CC BY-SA 3.0 über Wikimedia Commons - https://commons.wikimedia.org/wiki/File:K%C3%B6nigsstuhl_und_Viktoria-Sicht.jpg#/media/File:K%C3%B6nigsstuhl_und_Viktoria-Sicht.jpg

S. 117 „Steinfelder in der Schmalen Heide 01" von Derzno - Eigenes Werk. Lizenziert unter CC BY-SA 3.0 über Wikimedia Commons - https://commons.wikimedia.org/wiki/File:Steinfelder_in_der_Schmalen_Heide_01.jpg#/media/File:Steinfelder_in_der_Schmalen_Heide_01.jpg

S. 118 „Feuersteinfelder3" von Lapplaender - Eigenes Werk. Lizenziert unter CC BY-SA 3.0 de über Wikimedia Commons - https://commons.wikimedia.org/wiki/File:Feuersteinfelder3.jpg#/media/File:Feuersteinfelder3.jpg

S. 119 „Feuersteinfelder Mukran 03" von Geolina163 - Eigenes Werk. Lizenziert unter CC BY-SA 3.0 über Wikimedia Commons - https://commons.wikimedia.org/wiki/File:Feuersteinfelder_Mukran_03.jpg#/media/File:Feuersteinfelder_Mukran_03.jpg

S. 121 „Schwanenstein 2" von Lapplaender - photo taken by Lapplaender. Lizenziert unter CC BY-SA 2.0 de über Wikimedia Commons - https://commons.wikimedia.org/wiki/File:Schwanenstein_2.jpg#/media/File:Schwanenstein_2.jpg

S. 122 „Gellort" von Lapplaender - Eigenes Werk. Lizenziert unter CC BY-SA 3.0 de über Wikimedia Commons - https://commons.wikimedia.org/wiki/File:Gellort.jpg#/media/.jpg

S. 123 „Siebenschneiderstein" von Unukorno - Eigenes Werk. Lizenziert unter Gemeinfrei über Wikimedia Commons - https://commons.wikimedia.org/wiki/File:Siebenschneiderstein.jpg#/media/File:Siebenschneiderstein.jpg

S. 124 von Felix König (Eigenes Werk) [GFDL (http://www.gnu.org/copyleft/fdl.html) oder CC BY 3.0 (http://creativecommons.org/licenses/by/3.0)], via Wikimedia Commons

S. 125 „Waschstein-Königsstuhl-Rügen-110513-054" von Chron-Paul - Eigenes Werk. Lizenziert unter CC-BY-SA 4.0 über Wikimedia Commons - https://commons.wikimedia.org/wiki/File:Waschstein-K%C3%B6nigsstuhl-R%C3%BCgen-110513-054.JPG#/media/File:Waschstein-K%C3%B6nigsstuhl-R%C3%BCgen-110513-054.JPG

S. 126 „Rügen blick königsstuhl von der victoriasicht ds wv 25 05 2012" von User: Celsius auf wikivoyage shared. Lizenziert unter CC BY-SA 3.0 über Wikimedia Commons - https://commons.wikimedia.org/wiki/File:R%C3%BCgen_blick_k%C3%B6nigsstuhl_von_der_victoriasicht_ds_wv_25_05_2012.jpg#/media/File:R%C3%BCgen_blick_k%C3%B6nigsstuhl_von_der_victoriasicht_ds_wv_25_05_2012.jpg

S. 127 von Klugschnacker (Eigenes Werk) [CC BY-SA 3.0 (http://creativecommons.org/licenses/by-sa/3.0)], via Wikimedia Commons

S. 128 „Wissower Klinken April 2004" von Lapplaender - Eigenes Werk. Lizenziert unter CC BY-SA 3.0 de über Wikimedia Commons - https://commons.wikimedia.org/wiki/File:Wissower_Klinken_April_2004.jpg#/media/File:Wissower_Klinken_April_2004.jpg

S. 129 „Wissower Klinken August 2005" von Lapplaender - Eigenes Werk. Lizenziert unter CC BY-SA 3.0 de über Wikimedia Commons - https://commons.wikimedia.org/wiki/File:Wissower_Klinken_August_2005.jpg#/media/File:Wissower_Klinken_August_2005.jpg

S. 137 „Stubbendorf Wildapfelbaum" von Doris Antony, Berlin - photo taken by Doris Antony. Lizenziert unter CC BY-SA 3.0 über Wikimedia Commons - https://commons.wikimedia.org/wiki/File:Stubbendorf_Wildapfelbaum.jpg#/media/File:Stubbendorf_Wildapfelbaum.jpg

S. 141 „Sockeleiche Suckow P9010054" von Joachim Müllerchen - Joachim Müllerchen. Lizenziert unter CC BY 2.5 über Wikimedia Commons - https://commons.wikimedia.org/wiki/File:Sockeleiche_Suckow_P9010054.JPG#/media/File:Sockeleiche_Suckow_P9010054.JPG

S. 142 „Trissow Teufelsstein Nord" von Erell - Eigenes Werk. Lizenziert unter CC BY 3.0 über Wikimedia Commons - https://commons.wikimedia.org/wiki/File:Trissow_Teufelsstein_Nord.JPG#/media/File:Trissow_Teufelsstein_Nord.JPG

S. 143 „Trissow Teufelsstein 1" von Erell - Eigenes Werk. Lizenziert unter CC BY 3.0 über Wikimedia Commons - https://commons.wikimedia.org/wiki/File:Trissow_Teufelsstein_1.JPG#/media/File:Trissow_Teufelsstein_1.JPG

S. 147 „Zirzow-Krappmühlenstein-02" von LasseG - Eigenes Werk. Lizenziert unter Gemeinfrei über Wikimedia Commons - https://commons.wikimedia.org/wiki/File:Zirzow-Krappm%C3%BChlenstein-02.jpg#/media/File:Zirzow-Krappm%C3%BChlenstein-02.jpg

S. 148 „Zirzow-Krappmühlenstein-04" von LasseG - Eigenes Werk. Lizenziert unter Gemeinfrei über Wikimedia Commons - https://commons.wikimedia.org/wiki/File:Zirzow-Krappm%C3%BChlenstein-04.jpg#/media/File:Zirzow-Krappm%C3%BChlenstein-04.jpg

Cover (oben): Von Klugschnacker - Eigenes Werk, CC BY-SA 3.0, https://commons.wikimedia.org/w/index.php?curid=15319313

UNESCO-Weltnaturerbe in Brandenburg, Hessen, Mecklenburg-Vorpommern und Thüringen

ISBN 978-3-95799-010-5, 14,95 €

Es gibt nur noch wenige Buchenwälder in der Welt, die in ihrer Unberührtheit überdauert haben. Der Autor Karl-Heinz Engel hat die fünf Buchenwaldgebiete Deutschlands, die 2011 in die Liste des Weltnaturerbes aufgenommen wurden, durchwandert, sie beschrieben und fotografiert und so ein eindrucksvolles Bild von ihnen gezeichnet. Folgen Sie ihm in den Grumsiner Forst in Brandenburg, in die Buchenwaldgebiete der Nationalparks Kellerwald-Edersee in Hessen, Hainich in Thüringen sowie Jasmund und in den Serrahn-Teil des Müritz-Nationalparks in Mecklenburg-Vorpommern. Entdecken Sie die Artenvielfalt in den jahrhundertealten Wäldern und die Schönheit der Bäume. Sie präsentieren ein beeindruckendes Kapitel Naturgeschichte.

Leseproben unter www.steffen-verlag.de

Weltnaturerbe Buchenwälder in Mecklenburg – Serrahn und Feldberger Schutzgebiete

ISBN 978-3-942477-18-5, 9,95 €

Die Schönheit, Vielfalt und Bedeutung der zum UNESCO-Weltnaturerbe ernannten Buchenwälder Mecklenburgs thematisiert dieser atmosphärische Text-Bildband. Außergewöhnliche Panoramen und Detailaufnahmen zeigen die Buchenwälder als Lebensraum für Mensch und Tier, vermitteln ein Gefühl für Atmosphäre und Magie des Waldes. Sachkundige Texte heben die elementare Bedeutung des weltweit einzigartigen Naturerbes für unser Land, dessen Landschaft und unsere Kultur hervor. Die Waldgebiete, so die deutsche UNESCO-Kommission, repräsentieren »die wertvollsten verbliebenen Reste großflächiger naturnaher Buchenbestände in Deutschland«.

Leseproben unter www.steffen-verlag.de

Umschlagfotos:
Titelseite:
  Großes Foto: Königsstuhl (Stubbenkammer, Rügen)
  Tanzlinde (Galenbeck)
  Schwanenstein (Rügen)
  Gespensterwald (Nienhagen)
Rückseite:
  Herthasee (Rügen)
  Feuersteinfeld (Mukran)
  Eiche (Ivenack)

Die Deutsche Nationalbibliothek verzeichnet diese Publikation
in der Deutschen Nationalbibliografie;
detaillierte bibliografische Daten sind im Internet über
http://dnb.d-nb.de abrufbar.

1. Auflage 2016
© Steffen Verlag | Steffen GmbH
Berliner Allee 38, 13088 Berlin, Tel. (030) 41 93 50 08
info@steffen-verlag.de, www.steffen-verlag.de

Herstellung: Steffen Media | Steffen GmbH
Mühlenstraße 72, 17098 Friedland
www.steffen-media.de

ISBN 978-3-95799-022-8